# 精准努力

佰龙 编著

中国纺织出版社有限公司

## 内 容 提 要

人是具有群体和社会属性的，所以避免不了要与形形色色的人打交道，但很多时候我们耗费了很多心神却进行了根本无用的社交，所以请尽快停止你的无效社交吧。

本书另辟蹊径，告诉我们什么是真正有用的社交，用简单易懂的案例引发年轻读者的共鸣，告诉我们要拒绝一些人，离开一些人，要注重内心世界的丰盈和自我提升，从而让社交变得更有效率、更有意义。


### 图书在版编目（CIP）数据

精准努力 / 佰龙编著 .-- 北京：中国纺织出版社有限公司，2020.7（2024.10 重印）

ISBN 978-7-5180-7244-6

Ⅰ.①精… Ⅱ.①佰… Ⅲ.①成功心理—通俗读物 Ⅳ.① B848.4-49

中国版本图书馆 CIP 数据核字（2020）第 050489 号

责任编辑：李 杨　　责任校对：寇晨晨　　责任印制：储志伟

中国纺织出版社有限公司出版发行

地址：北京市朝阳区百子湾东里 A407 号楼　邮政编码：100124

销售电话：010—67004422　传真：010—87155801

http：//www.c-textilep. com

中国纺织出版社天猫旗舰店

官方微博 http://weibo.com/2119887771

鸿鹄（唐山）印务有限公司印刷　各地新华书店经销

2020 年 7 月第 1 版　2024 年 10 月第 2 次印刷

开本：880 × 1230　1/32　印张：7

字数：167 千字　定价：59.80 元

# 前言

瞬息万变、竞争激烈已经成为现今社会的重要标志，社交的重要性早已毋庸置疑。不管你是身居高位，还是市井平民；不管是生意场上，还是身处职场，我们都不可避免地需要交际。这正如卡耐基所说的：“一个人的成功，15% 是由于专业技术，85% 要靠人际关系与处世技巧。”交际中蕴含了许多的机会，这些机会无论对个人还是对将来的工作开展都百利而无一害。所以，拒绝交际就是拒绝机会，拒绝成功！因此，学会如何与他人相处和交往是贯穿我们一生的重要课题。

然而，我们发现在交际中，不少人也认识到了社交的重要性，他们也在努力交朋友、真诚待人，甚至不敢拒绝他人的任何一个请求。然而，你真的做到人见人爱了吗？

你是否发现，领导似乎总是“青睐”你，你总是忙不完，而其他同事似乎总是优哉游哉？朋友邀请你参加聚会，聚会上你谁也不认识，只好强挤笑脸与每个人喝酒聊天，但聚会之后，谁又真的记住了你？没事的时候你挨个给好友的朋友圈动态点赞，但这样真的能增进友谊？你努力想成为一个好人，对于周围人的请求照单全收，但是“老好人”真的受欢迎吗？

每天你总是踩着忙碌的步伐离开家，进入职场，进入社会，你忙于交际，疲于应付，但你的社交生活真的有用吗？你是否有一刹那的落寞：原来我是在迎合别人的欢笑，原来我牺牲自我却并未获得好人缘，现在，我们告诉你一个血淋淋的事实：你认为的社交其实不过是蹉跎人生。

其实，真正的朋友并不需要太多，“人生得一知己足矣”，大部分人只是在消耗你的人生和精力，而真正良性的友谊是积极向上的，带给你幸福的。那么，从现在起，你的第一件事是优化你的朋友圈子，对于那些消耗你的、自私的、爱抱怨的、三观不正的朋友，你可能需要重新考虑了。其次，别再做“好好先生”了，没有人会感激你的无私付出，把更多时间留给自己学习知识和提升自我吧。再者，别再傻傻地对所有人掏心掏肺了，今天你的无心之语，可能成为明天他人伤害你的利器，所以，低调一点，为人处世用点心吧。

当然，我们并没有否认社交的重要性，要知道成功的事业离不开社交，美满的生活同样离不开社交，而要想真正提升自己的社交能力，想要达到我们的社交目的，我们就不能眉毛胡子一把抓了，而是要学会“say no”，学会关注自我，这也就是本书编写的目的。

本书从现实生活中大家关注的话题——社交开始出发，首先可以看到的是社交是多么重要，我们一定要花点心思与人交往。然后，要与人顺利交往，除了要从自己的心态、形象和口才上下功夫外，最重要的是要知道自己需要什么样的圈子，需要什么朋友，怎样交到优质的朋友，建立良性的生活和工作圈子，只有这样我们才能真正实现能力提升和价值提升，帮助我们更快更好地成长和进步。

# 目录

# 第 01 章

# 学点暗示技巧，让你的社交更顺利

可能你的生活中有这样一些人，他们在与人打交道的过程中，好像有某种魔法，只要他们一开口，对方就会按照他的意愿去做。其实，这种魔力就是心理暗示，所谓心理暗示，是一种特殊的心理技巧和信息传递方式，它是指在无对抗态度的条件下，用含蓄间接的表达方式对人的心理或行动产生影响。同样，你也可以将心理暗示运用到社交中。这样，你就能用含而不露的语言去影响他人，而对方就会在不知不觉中受到影响。

## 透露相似点，暗示我们是同样的人

毕业于哈佛大学的罗斯福总统拥有渊博的知识，在他身上有个特点，那就是和谁都关系友好，无论是初次见面的纽约政客还是能说会道的外交家，罗斯福都与他们都有着共同的话题。对此，有人好奇地问道："你是如何做到这一点的？"罗斯福回答："我每次接见一位来访者，都会在这之前的一个晚上阅读有关这位客人特别感兴趣的东西，以便找到共同的话题。"罗斯福认为，当你利用交谈双方的相似点展开话题时，这将给予对方一个积极的心理暗示：我与你的关系是友好的。每个人都对于与自己有着相似特点的人有种特殊的好感。所以，在交谈中，当我们利用相似点暗示与对方的关系时，这一心理暗示将达到一定的积极效果，令对方倍感亲切，从而对你产生好感，而我们也达到了影响他人心理的目的。

在日常交际中，沟通成为了最主要的交际方式。那么，如何通过沟通来影响他人心理呢？巴甫洛夫认为：暗示是人类最简化、最典型的条件反射。假如我们在沟通中向对方传递友好的信息，就会激起对方说话的欲望，而彼此之间的相似点则可以成为最好的话题。由相似点而引起的话题将使对方产生浓厚的兴趣，从而在对方心里产生积极的影响：原来我们都是同样的人。这样一来，亲切感倍增，沟通就能顺利进行下去。

在沟通过程中，适当的提问能帮助我们找到共同的“相似点”。因为双方在交谈之前并没有太多的了解，我们所能获知的信息只不过是细枝末节，因此，提问可以帮助我们确认这些信息的真实性，并判断对方是否与自己有着同样的兴趣与爱好。当然，提问也是讲究技巧的，为了避免尴尬，我们应该把问题尽量掌握在自己手中，所问的问题尽量详细，然后在围绕“相似点”展开话题，暗示出自己与对方友好的关系。

罗斯福告诉我们：大部分人对与自己有着相似特点的人都怀有一种好感，产生这种心理是必然的。如果我们想要获得某种帮助，或者希望与他人建立融洽的人际关系，这样一种心理暗示是必然的沟通手段。日常交际中，每个人对于他人总是怀着戒备心理，彼此之间存在着一定的心理距离，在这样的情况下，将会为双方的沟通产生一定的阻碍。在这种时候，如果我们能知道对方的兴趣爱好是书法，那么我们能够适时地附和“听说您是一位大书法家，跟您比起来，我只能算是个学生了”，如此一来就能有效缩短双方之间的心理距离，从而有效地影响他人心理。

## 彬彬有礼，暗示距离感

美国心理学家莱欧·博格告诉哈佛学子这样一句话：“保持良好关系的重要方法是保持一个‘既能感受到对方的体温又不挨扎’的最佳距离。”莱欧·博格认为，人与人之间的交往需要坚持“豪猪法则”。在日常生活中，我们总是说“距离产生美”，有人却说“亲密无间最美”。那么，我们该如何处理与他人之间的距离问题呢？德国哲学家叔本华曾讲述了这样一则寓言：“冬天来临的时候，山中的豪猪开始感觉到寒冷，于是，为了取暖，它们互相靠拢而挤在一起，可是因为挤得太近，各自身上的刺互相刺扎，不得不离得更远。然而，离得太远，它们又开始感到寒冷，经过不断地试探，它们终于找到了一个不远不近的最佳距离。”人与人之间，是否也存在着这样的最佳距离呢？当我们需要与对方保持距离的时候，彬彬有礼的语言则成为了最好的“隔离墙”，它不断地向他人暗示“我们之间是有距离的”。

吉姆是一位十分帅气的男孩，他在一家美发店工作。由于长相出众，许多女孩子都慕名而来，成为他最忠实的顾客。可是，吉姆自己却吃了不少苦头，自己本来是有女朋友的，但许多女顾客却屡屡“求爱”，甚至在深夜还会收到很多内容暧昧的短信，而且，女朋友为了这事情与他冷战了很长一段时间。为了与那些女顾客疏远距离，吉姆开始频繁地使用客气话“好的，非常谢谢您的惠顾，您慢走！”他连经常上门的老顾客也不会少讲一句客气话，这样的称呼让许多女顾客感觉不亲切，甚至觉得吉姆的态度有些冷淡。于是，在每次做完头发之后，那些之前“示爱”的女顾客都很有礼貌地告别。过了一段时间，吉姆就再也没有收到过内容暧昧的短信了，他和女朋友也和好如初了。

在交际中彬彬有礼的姿态，可以为自己“赶走”一些不想交往的人。因为彬彬有礼的姿态会让对方感到距离，从而感受到一种心理压力，最后他会选择主动离开。如果你实在不想与对方继续交谈下去，那就以彬彬有礼的态度相待，通过言行暗示对方“我不愿意与你继续谈下去”。

在某些时候，我们可以通过彬彬有礼来拒绝与别人的交往，拉开彼此的距离，影响对方心理，令对方主动退却。假如有朋友到家中做客，虽然自己与这位朋友关系一般，但这位朋友的过分热情着实让自己受不了。那么，不妨展现自己的彬彬有礼，不断地使用礼貌用语“你好，请问你想喝点什么”“没关系，你自己忙自己的”“你真客气”，这样一来，朋友定会觉得如芒刺在背，坐立不安，甚至想逃离这个地方。其实，这就是彬彬有礼的效果，当我们不想与某人继续交谈下去，不妨以“彬彬有礼”的姿态来令对方自退。

彬彬有礼的言行实际上会给他人一种心理暗示：我与你是有一定的距离，请不要靠近我或者我不愿意与你继续交谈下去。沟通的目的在于增加彼此之间的兴趣，当我们想要减少这种热忱度，则需要在彼此之间建立一堵“墙”，拉开一段距离，彬彬有礼恰好可以达到这样的效果。当对方明白你只是在简单敷衍的时候，他便会选择主动离开。

## 委婉表达，对方自会明白

当我们为了某种目的，在无对抗的条件下，通过交往中的语言，用含蓄、间接的方式表达出一定的信息，使对方接受自己的意见或观点。在日常交际中的一些场合，许多话都不便于直说，这时可以利用言语暗示来传递一些信息。大量事实证明，暗示比直言快语更能凸显出表达效果，因为它所表现出来的婉转曲折，总是给人以愉快的心情。

1952年，正在苏联访问的美国总统尼克松将离开莫斯科，去苏联其他城市访问。苏共总书记勃列日涅夫到莫斯科机场送行。正在这时，飞机出现故障，一个引擎怎么也发动不起来，机场地勤人员马上进行紧急检修，尼克松一行只得推迟登机。勃列日涅夫远远看着，眉头越皱越紧。为了掩饰自己的窘境，他故作轻松地说："总统先生，真对不起，耽误了你的时间！"一面说着，一面指着飞机场上忙碌的人群问："你看，我应该怎样处分他们？""不，"尼克松说，"应该提升！要不是他们在起飞前发现故障，飞机一旦升空，那该多么可怕啊！"

尼克松话语里暗含讽刺、挖苦、指责，但这些却是以夸张的话语表达出来的，而勃列日涅夫听了只能苦笑，什么也说不出来。虽然尼克松表达了自己的"厌恶之情"，但却没有说什么难听的话，若直接回击反而显得自己"神经过敏"。

在日常生活中，很多时候我们都无法直接表达自己的想法，这时候就需要暗示来表达，于是就出现了一语双关、含沙射影、指桑骂槐等旁敲侧击的艺术性语言。既然可以用暗示的语言来表达自己的厌恶，我们也同样可以用暗示的语言来表达喜欢。

1. 含蓄表达爱情

通过话语暗示来表达爱情，这可以使话语本身具有一定的弹性，不至于对方一拒绝就没有挽回的余地，而且，这也符合恋爱时的羞怯心理。

2. 委婉表达讥讽之意

在日常交际中，直接辱骂别人，当然很容易就能听出来。但如果对方是利用暗示语言来侮辱人，我们就更应该注意了，这时不仅要能够听出别人的恶意，还应该“以其人之道还治其人之身”。比如，安徒生戴了一顶破帽子，过路人取笑“你脑袋上面那个玩意是什么？能算是帽子吗？”安徒生随即回道：“你帽子下面那个玩意是什么？能算是脑袋吗？”

3. 暗示拒绝

有的人喜欢用暗示来投石问路，这时你也可以用暗示来拒绝对方。比如面对老乡的借宿的请求，李先生这样暗示拒绝“城里比不了咱们乡下，住房可紧了。就拿我来说吧，这么小的屋子居然住着三代人……你们大老远地来看我，不该留你们在我家好好地住上几天吗？可是没有办法啊！”老乡只好识趣地走了。

4. 暗示自己的不满

有时候，面对他人的错误，我们也最好用语言来暗示他，迫使对方意识到自己的错误。比如，顾客发现汤里有一只苍蝇，没有直接说出来而是巧妙暗示老板“对不起，请您告诉我，我该怎样对这只苍蝇的侵权行为进行起诉呢？”

## 巧妙暗示，打消对方心中的疑虑

在日常交际中，由于我们的一些话语或者行为可能会使对方心中充满疑虑，这时候如果不及时打消对方的疑虑，交流就无法继续进行下去。这时候我们可以通过言语暗示把自己的想法传递给对方，使对方打消心中的疑虑。一般而言，每个人对于自己心中的想法都会保密，他们不希望自己的心思被别人看穿。鉴于对方这样一种心理，即便我们猜中了对方正在焦虑的事情，也不能直接说出来，而是巧用话语暗示，正所谓“曲径能通幽”。

李娜因公出差，在火车上与一位男士坐在了一起。火车开了没多久，男士就主动打招呼，李娜觉得自己一个人挺闷，于是便和他攀谈了起来。两人就一些话题聊了起来，可是，聊着聊着，那位男士竟然将话题一转，冒然发问："你结婚了吗？"李娜顿时心生厌恶，迟迟不回答，男士见李娜突然变得不高兴，有点不知所措。为了打消男士心中的疑虑，李娜解释说："先生，我听人说过'对男人不能问收入'，所以刚才我并没有问你的收入；'对女人不能问婚否'，所以你这个问题我不能回答了，请你谅解。"那位男士听李娜这样一说，尴尬地笑了笑，就不再说话了。

面对男士的唐突问题，如果李娜保持沉默，就会显得不太礼貌。为了打消对方心中的疑虑，也为了给对方一个台阶下，李娜巧妙用语言暗示出自己拒绝回答问题的真实原因，同时，这也使男士意识到自己言语的失礼之处。

那么在日常交际中，我们该如何巧妙运用话语暗示来达到自己的目的呢？

1. 巧妙引用第三方的话

销售员在向顾客推销的过程中，当他说自己的产品是如何如何好的时候，对方通常都会怀疑其产品质量。这时候，不妨换巧妙引用第三方的话，向对方说出产品的评价，这就是打消顾客疑虑的最好方法。比如，你可以说“我的邻居已经用了三四年了，仍然好好的”。言语中暗示出产品质量绝对能过关，虽然邻居并不在旁边，但这已经能够有效地打消了对方心中的疑虑。

2. 暗示对方的疑虑是没有必要的

针对客户李先生的“保险是骗人的勾当”这样的观点，王小姐解释了物价改革的必要性以及影响当前物价的各种因素，还进一步分析了保险带来的利益：“即使物价会有所上涨，有保险总比没有保险好。而且我们公司早已考虑了这些因素，顾客的保险金是有利息的。当然，我这么年轻在您面前讲这些，实在有点班门弄斧，还望您多多指教……”通过语言暗示对方的疑虑是没有必要的，影响他人的心理，达到说服他人的目的。

3. 通过比较来暗示

销售员在推销产品的过程中，可以把退款保障期定为竞争对手的两倍，这便能立即突显出自己的“竞争力”。“产品在销售之后28天内，若发现质量问题，我们承诺全额退款，而一般的产品退款保障期只有14天……”通过比较暗示出自己的优势特点，从而来打消客户心中的疑虑。

## 借用故事和例子，传达你心中的想法

在很多时候，我们会有一些不便于表达的想法，这时候我们可以借助于讲故事或者举例子，婉转地表达出自己的想法和建议，让对方明白自己的用意。如果直接说出自己的意见或想法，对方有可能会拒绝接受，这就需要具有隐晦性而又有代表性的事例加以表达，一方面避免了直接表达带来的弊端，另一方面还可以增强一定的说服力。同时，这样的表达方式也更容易让对方接受，继而影响到对方的心理。

自古以来，那些颇具智慧的大臣在向君王进谏的时候，都会采用到这样的表达方式。比如在“邹忌讽齐王纳谏”中，邹忌并没有直接说出自己的建议，而是通过举例子来表达自己的想法，“臣诚知不如徐公美。臣之妻私臣，臣之妾畏臣，臣之客欲有求于臣，皆以美于徐公。今齐地方千里，百二十城，宫妇左右莫不私王，朝廷之臣莫不畏王，四境之内莫不有求于王：由此观之，王之蔽甚矣。”

所以，我们在交谈过程中，若是遇到不好表达的意见，也可以巧妙地通过讲故事、举例子来传达给对方，让对方明白自己的用意。

1. 选择代表性的故事或例子

在谈话中讲故事或者举例子，都可以起到使谈话内容具体、增强说服力的作用。但是，我们在选择故事或例子的时候，需要注意其代表性。如果你讲了一个很长的故事，却因为不具备代表性而使对方不知所云，这样就无法达到举例的效果。

2. 注意故事或例子的适当性

当我们在讲故事或举例子的时候，还需要注意其用量的适当性，不能老是在谈话中讲故事、举例子。偶尔在谈话中穿插一个故事或例子，这样让人很新鲜，经常使用则会使人心生厌烦的。

3. 注意表达的隐晦性

当我们在选择讲故事或者举例子的时候，肯定是想避免直接表达带来的弊端。因此，即便是在讲故事或者举例子，我们也要适当注意表达的隐晦性，不能直白地在故事中阐明自己的想法。我们所需要表达的想法和意见，完全可以借助于故事或例子去作婉转表达，这样才能更好地影响对方的心理。

# 第02章

# 放开手脚，磨不开面子只能裹足不前

作为社会中的人，我们都明白，没有谁活在自己的世界里，一个人从踏入社会那一刻起，就意味着你必须学会如何说话、如何办事。办事、说话的能力就是社交的能力，而社交能力的如何，也决定了这个人未来的人际关系和生存状况。事实上，提升社交能力的第一步，就是要我们学会磨开面子，大胆展示自己，只有这样才能在你来我往中建立感情，深化友谊，达成所愿。

## 磨得开面子，才有可能抓住机会

现实生活中，每个人都避免不了要和其他人打交道，然而，面对那些咄咄逼人的人，有相当一部分朋友因为性格和善，总是被性格强硬的人“欺负”。也许次数少还可以忍受，但是次数多了，人生未免觉得压抑，自己心中也会觉得不平衡。在这种情况下，如果继续磨不开面子，总是被人欺负就会导致自己郁郁寡欢，闷闷不乐。为了别人让自己不快乐，值得吗？当然不值得。我们就算是付出，也要付出在值得的地方，不能为了不值得的人付出，自己又不快乐，这可是双倍的损失啊。

从另一个角度而言，强势的人遇到好欺负的人，变本加厉，变得更加强势。这样一来必然形成恶性循环，导致关系最终恶化，直至破裂。所以从这个意义上说，作为软弱可欺、磨不开面子的人，一定要磨得开面子。这样不但是对自己负责任，也是对自己与他人的关系负责任。

也许有些朋友会说，礼让他人并没有什么错。的确，适度的礼让是值得提倡的，但是过度的礼让，只会让我们被他人钻了空子。而且所谓礼让是符合礼节的，而并非一味地怯懦退缩。正如一句民间俗语所说，“害人之心不可有，防人之心不可无”。虽然我们不能欺负他人，但是也要学会保护自己不被欺负。人际关系只有建立在相互尊重的基础上，才能良性发展。现实生活和工作中，很多人都觉得做人只要老实本分、工作只要认真负责，就一定能够得到回报。其实不然，现代社会人际关系非常复杂，我们不但要业务过硬，而且也要精通社交，才能让自己如鱼得水，获得好的发展。

尤其是在现代职场，很多职场新人，甚至也包括职场老人，在遇到机会的时候，因为不够自信，或者因为谦虚不好意思直接与他人争夺机会。这样的一让再让，最终的结果必然是失去机会，导致自己与成功失之交臂不得不说，这样的责任并不完全在于他人身上，也在于我们自己。假如我们能够自信一点，磨得开面子一点，也许就不会与机会失之交臂了。

大学毕业后，艾米进入现在的公司工作，到现在已经三年了。三年的时间里，艾米每天都兢兢业业地工作，绝不敢有丝毫懈怠。她所负责的每一项工作都做得非常圆满，也得到了领导和同事的认可。

前段时间，公司正好进行内部结构调整，空出一个办公室主任的位置。领导向老板推荐艾米，老板也的确认真考虑了，因此特意与艾米谈话，征求艾米的意见。艾米当时觉得受宠若惊，又想到办公室里有很多同事资历都比她老，因而不由得有些胆怯，向老板推辞："老板，我觉得我还缺乏经验，也没有做好准备成为一名管理者。办公室里基本都是我的老前辈，我可不能管理他们。不如您让马大姐当办公室主任吧，等过几年马大姐退休了，我也经验丰富的时候，我再接她的班。"老板听到艾米的推辞，便对艾米有些失望。现代职场，人人都绞尽脑汁地想要得到机会，艾米却推辞机会，大概是没有什么事业心吧！因此，老板没有多说什么，而是把办公室主任的位置给了老刘。

老刘才四十多岁，距离退休还早着呢，看到老刘成为办公室主任，艾米后悔不已。虽然老刘后来因为身体原因提前离职，但是办公室里新来的人也在几年的时间里迅速成熟，而且干劲十足，但老板并没有再考虑艾米，而是让比艾米晚来的一位同事，承担起办公室主任的工作。艾米渐渐感到无望，最终不得不放弃这份已经工作了小十年的工作，换了一家公司一切从头开始。

艾米的故事告诉我们在机会到来的时候，千万不要因为不好意思或者磨不开面子，而失去机会。人人都想等到万事俱备的最佳时机让自己隆重亮相，但是，谁知道哪一天才是最好的一天呢？既然我们无从得知，不如顺势而为，这样我们才能果断出手，从而抓住千载难逢的好机会，提升和完善自我，改变自己的人生。

这个世界瞬息万变，万事万物都处于飞速发展之中。很多时候机会并不会留在原地等我们，而且事情也会不断发展，变得面目全非。在这种情况下，与其被动等待，不如主动出击，这样我们才能在事情不尽如人意的情况下，让自己更加坚强，也不至于因为小小的尴尬和难堪，就觉得不好意思或者磨不开面子。我们必须记住，面子是我们自己给自己的，只要我们内心坚强，就没有任何人能够抹杀我们的面子，也没有任何人能够影响我们主宰自己的人生。

## 畏首畏尾，只能被人主宰和操控

一直以来，我们受到的教育都是要谦虚礼让。然而随着时代的发展，社会进入到了竞争激烈的阶段，一味谦虚礼让已经不适合现代社会了。我们要想为自己，站稳脚跟，就要主动出击，表现要强势，这样我们才能更加强大起来，在社会上立足。

精神分析学家马斯洛认为，一个心理健康的人，必须拥有自主性和独立性。否则假如一个人始终唯唯诺诺，受到他人的支配和指挥，那么就称不上是一个独立自主的人。现代社会，很多人都凭借自身的努力，从草根出身创造了自己与众不同的人生。但是也有相当一部分人，遇到事情缺乏主见，决定任何事情都要依靠他人，在家里是父母的乖宝宝，即使长大成人了也依然如同没有断奶的孩子一样，处处需要父母的帮助。在婚姻生活中，这种性格的男人无法肩负起家庭的重任，反而需要依赖妻子。在工作中，他们更是上司的傀儡，对待工作完全没有主动性，只能在上司的安排下展开工作，死板地完成工作任务。这就是依赖，孩子在小的时候依赖父母是正常的，但是如果长大成人之后还依赖父母，那便是精神上还没有断奶，还没有真正成熟。这不仅会影响他们的生活，也会严重影响他们的工作。

很多人都想把控自己的命运。但是，一个人如果不能独立地面对生活、处理生活中的各种事情，是根本不可能成为自己命运的主宰的。他们最终的结局就是被人主宰和操控，甚至是完全失去自我。这样的人如果有些特长和优点以及具有利用价值还好，至少有人还会利用他们。但是如果他们没有任何特长和可取之处，那么就会被人唾弃甚至是抛弃。这样的人如何在社会上立足呢？要知道，父母是不可能跟随我们一辈子的，随着我们渐渐长大，父母越来越老，他们最终需要我们为他们支撑起天空。至于爱人，现代社会生存压力大，不管是男性还是女性，很难找到一个有足够能力永远爱护和照顾我们的人，作为平等的夫妻双方，更应该做的是相互依存和扶持，一起进步，谁愿意拖着一个沉重的负累过一辈子呢？在柴米油盐酱醋茶中彼此搀扶，才是加深夫妻感情的最好渠道。

还有些朋友之所以畏手畏脚，是因为非常害羞。然而现实是残酷的。一次两次的退缩，别人也许以为是忍让，但是接二连三的退缩，必然会使人意识到你的本质就是软弱可欺的。所以朋友们，即便你真的软弱，也要马上改变自己的性格，或者在最短的时间里刻意练习，这样才能争取更多的时间让自己彻底改变。

早在读大学期间，小斌就非常有才华，也经常做兼职帮一些小的广告公司做设计。因此，他并不需要太长的适应时间，就能很快够熟练工作，游刃有余了。然而，在公司里工作和大学期间的兼职是不同的。大学期间兼职，他只需要埋头苦干，按时交差就行。如今，他不但要面对繁杂的工作，而且还要面对人际关系，这使他感到心力憔悴。尤其是他很内向，不太愿意与人交流，也不喜欢参加各种交际活动，这使他在整个公司显得离群索居，非常孤独。

前段时间，小斌承担了一项重要的设计工作。在完工之后，他把设计稿交给主管看，没想到主管迟迟不给他答复。后来小斌才知道主管早就把他呕心沥血做好的这个完美设计稿以自己的名义上报老板了。对此，小斌虽然很愤怒，却不知道如何处理这种情况，最终只能吃了个哑巴亏。原本，小斌以为只要发邮件警告一下主管，主管就会有所收敛。让他万万没想到的是，那个无才无德的主管，居然对小斌一发不可收拾，每隔一两个月就会剽窃甚至直接占有小斌的工作成果。忍耐了几次之后，小斌意识到问题的严重性。但是他不想才来公司一年多的时间就跳槽。为此，他决定向老板挑明此事。

小斌先是在邮箱里把自己一直以来的设计草稿都发给老板，后来又发邮件详细说明了事情的原委。在主管又一次剽窃小斌的设计成果后，老板让小斌和主管分别谈一谈对设计稿的构思过程以及设计原理，主管说得磕磕巴巴，小斌却说得眉飞色舞，激情洋溢。最终，主管被撤职，小斌也终于得到了老板的认可和赏识。从此之后，公司里再也没有发生过剽窃这样的恶劣事件。

假如小斌一直不向上司说明真相，相信这个主管会继续肆无忌惮地占有小斌的设计成果。幸好小斌在忍耐了之后，终于决定站出来维护自己的合法利益。现代职场，竞争非常激烈，为了利益，有很多人会不择手段。因而为了保护我们自身的利益，我们虽然不能主动欺负他人，但是也不能忍气吞声地被他人欺负。否则，我们就相当于助长了他人的嚣张气焰，导致自己被压得死死的。

朋友们，不管干什么事情，我们都要有勇气，下定决心，毫不迟疑地抓住机会去干。否则，畏手畏脚的我们不但会遭到他人欺负，也会错过千载难逢的好机会，从而导致我们的人生无法扬眉吐气。当然，要想做到有勇气，我们还要改变自身的性格。虽然说江山易改，本性难移，但是在现代社会，我们必须顺应形势，适当改变自己。否则，你又凭什么顶天立地地站着呢？

## 争气努力，才能赢来他人的刮目相看

人都是爱面子的，也很希望自己能够使他人高看一眼。然而，他人并不会平白无故地就高看我们，所以这导致很多人都抱怨自己运气不好，无法得到他人的认可和赏识，也导致自己与机会绝缘。其实，在这个世界上除了父母是无条件地爱我们之外，我们完全没有要求别人也能够这样对待我们。而且，机会对于每个人也是平等的，付出才有收获，不管何时，我们都要自己用心经营人生，才能得到最好的结果。

我们总是羡慕很多成功者表面上的光鲜，却没有想到他们在成功之前到底付出了什么。他们之中大多数都并非一帆风顺，而是比普通人承受了更多的挫折磨难。他们之所以得到机会的青睐、得到命运的眷顾、得到贵人的扶持，是因为他们在失败面前从未放弃，不断地继续努力，最终才能为自己争气，也赢得了他人的认可和赞许。

我们很小的时候，就进入幼儿园开始自己人生的学习之旅。我们不但接受父母的督促和老师的教诲，也在与同学相处的过程中懂得了更多的人情世故。我们在不断学习的过程中成长、进步，当我们真正长大成人，我们就只能依靠自己的力量督促自己不断进步。所以说，真正能够对我们负责的，只有我们自己。我们要想受人尊重，被人高看，就必须自己不断努力。

大学毕业后，倩倩进入现在的这家公司工作，成为销售部的一位员工。原本，倩倩就是非常安静的，她只是一心一意做好自己的业务，也相信自己一定能够凭借能力证明自己。然而，半年过去了，倩倩的工作始终没有太大起色。

后来，公司内部调整，销售部门要精简一部分人员。倩倩心想：虽然我的业绩不是最好的，但是也位于中等水平，而且我为人正直善良，从来不搞不正当的竞争，就算是裁员也应该和我没关系。所以倩倩还是和往常一样，每天按部就班地工作。然而，半个月后，倩倩收到了公司人力资源部提前一个月下发的辞退通知。倩倩整个人都懵掉了，她心有不甘，更不明白自己为何被裁掉。但是，她决定不闹情绪，站好最后一班岗。

有一天，公司里来了一个大客户，老板已经和这个客户联系很久，才争取到客户来公司考察。然而，这个客户是韩国客户，中文说得不是很流利。这让老板有些措手不及，毕竟临时去找韩国翻译也是来不及的。看到老板艰难地和客户比划着进行交流，倩倩主动上前用流利的韩语和客户打招呼，而且还认真细致地向客户介绍公司的情况以及产品的优势。这时，老板才如释重负地擦了擦头上的汗水，如同看着救命稻草一样看着倩倩。倩倩的彬彬有礼，给客户留下了很好的印象，后来另选日子正式签约时，客户还希望以后由倩倩负责和他联络呢。就这样一个月后，倩倩非但没有被辞退，反而因为精通韩语，成为大客户负责人，专门与那个客户保持联系呢！

如果不是因为通晓韩语，对于业务不够精通的倩倩，也许就会被老板辞退了。幸好，她还有一技之长，所以才能抓住韩国客户来到公司的机会、表现自己。尤其是在以效率优先的现代职场，吃大锅饭的日子已经一去不返了。任何情况下，我们要想赢得他人的尊重和认可，就必须能够证明自己的实力。

现代社会，知识更新的速度非常快，我们要想始终在工作中保持优势，就不能只凭着大学里所学的有限知识，而要在工作过程中保持终生学习的好习惯，从而帮助自己不断进步，不断地提升自己。所谓扬长避短，一个人要想突出自己、获得成功，就必须知道自己的长处在哪里。唯有如此，我们才能最大限度地发挥自身的优势，也让自己获得人生的主动权。

## 遭遇不公正的批评，更要抓住机会展示自己

常言道，没有人会去踢一只死狗。这句话的意思是说，当你遭受别人的恶意攻击或是批评的时候，恰恰证明了你的实力。还有一句话也是很多人都知道的，那就是：看一个人的底牌，看他的朋友；看一个人的实力，看他的敌人。从某种意义上来说，你的敌人往往代表了你水平。同样的道理，如果你受到别人不公正的批评，那么恰恰说明这个人是把你当成对手的，你是值得他认真慎重地对待的。

对于心理强大的人来说，遭遇批评并不是可怕的事情。遭到的批评越多，尤其是那些图谋不轨的不公正的批评，就意味着你被很多人视为真正的对手，这也就从侧面证实了你的实力。所以，面对那些不公正的批评，我们首先要做的不是抱怨，而是应该坦然以对，抓住机会展示自己的真实能力证明自己。

罗博·霍金斯年轻的时候家境很贫寒，因为父母无法负担他高昂的学费，在耶鲁大学学期期间，他始终半工半读，最终坚持到毕业。走出校门之后，他也从事过很多工作，例如伐木工人、作家、服装店的售货员和家庭教师等。虽然这些工作所赚的薪水足够他维持生活了，但是他却始终不甘

心。为此，他一边工作养家，一边勤奋学习，也给自己树立了远大的人生理想。

经过坚持不懈的努力，终于，在三十岁那年，他如愿以偿地成为了芝加哥大学校长。要知道，在美国教育界，从来没有人这么年轻就能够成为如此著名大学的校长。因此，面对罗博·霍金斯的一步登天，教育界的前辈们无一例外地提出质疑，并且十分担忧芝加哥大学的发展前景。

对于年轻的罗博·霍金斯而言，教育界各位前辈对他的质疑和批评无疑是沉重的打击。在这些教育界前辈的号召和影响之下，美国的各大报纸也加入了讨伐罗博·霍金斯的战团，联合起来要求芝加哥大学教授会议重新慎重考虑任命的问题。毫无疑问，外界的质疑和批评严重影响了罗博·霍金斯的心情。在刚刚上任期间，他特别抑郁，甚至对自己的能力产生了怀疑，动起了辞职的念头。

得知罗博·霍金斯的想法后，他的父亲决定与他进行长谈。听着罗博·霍金斯对教育界前辈和媒体的满腹抱怨，父亲语重心长地说：“孩子，你说的这些我都知道。不过，我认为这是好事情，因为这能证明你是一个有能力的人，所以才会引起人们的争议。你想想，那些在生活和工作中默默无闻的人，如何能够引起别人非议呢？也许，他们还想让人们对他们大肆批评和议论呢！”

父亲的话使罗博·霍金斯茅塞顿开。从此以后，他再也不在乎外界的不公正的批评，而是一心一意地投身芝加哥大学校长的职位，他不仅作出了一番成绩，还得到了那些曾经质疑他的教育界前辈和新闻界人士的广泛认可。那些曾经批评和质疑他的人，现在无一不对他表示钦佩。

罗博·霍金斯面对不公正的批评，最终在父亲的建议下采取了正确的做法。试想，假如他当初一时意气用事而放弃了芝加哥校长的职位，那么无疑就印证了那些人对他的怀疑。如此一来，无端的怀疑、不公正的批评就会成为理所当然的。幸运的是，他的父亲及时改变了他的想法，使他认识到自己最应该做的是什么。虽然未必人人都会遭遇社会各界的关注，但作为普通人，我们也会有自己的烦恼，也会有遭遇质疑和不公正的批评的时候。在这种情况下，我们应该和罗博·霍金斯一样勇敢地展现自己并证实自己。

人生之中有太多的不如意，也有太多的不公平。尽管我们数百年来都在追求人应该生而平等，事实却是这个世界上根本没有绝对的公平和平等。既然如此，我们为什么不面对对不公正的批评呢？很多时候，越是逆境越容易造就人才，越是坎坷的人生越能够走向成功。勇敢起来吧，面对人生的流言蜚语，面对人生的种种不平际遇，面对那些各怀心思的不公正的批评，只有自己强大，展示自己真正的实力，我们才能够成为强者，成为笑到最后的人。要知道，不公平的批评往往表示掩饰过的赞美。既然我们无法阻止别人说什么，那我们就应该多多练习坦然面对，用我们的实力展示自己，堵住别人发出非议的嘴巴。

## 即使被轻视，也要自信前行

很多成功人士之所以最终能够获得成功，就是因为他们在紧要关头能够坚定自己的想法，坚持做自己应该做的事情。而相比之下，有些人就像墙头的草始终活在别人的评价之中，别人说什么他都不加判断和选择地相信，左摇右摆，没有主见。这种人很难成就大事，就是放在人堆中就再也找不到的角色。

命运是不公平的，向来如此。有的人生下来就健康漂亮，有的人天生长相丑陋；有的人有一个好父母，为他安排好锦绣前程，使他不费吹灰之力就可以尽情地享受人生；有的人却生在贫苦人家，即使自己付出再多的努力，也还是很难如愿以偿；有的人深受命运的青睐，不管做什么事情都一帆风顺；有些人却特别倒霉，喝口凉水都塞牙缝……假如你恰恰是那个倒霉蛋，你会怎么做呢？当命运放弃你的时候，你是放弃自己？还是坚定不移？要想改变命运，要想拥有成功的人生，即使别人全都看轻你，你也要坚定地相信自己。很多伟人都有坎坷的童年，但是他们成功的人生却始终在历史的长河中闪烁，就像一颗最璀璨的星星。他们为什么能够扭转命运？就是因为他们相信自己，他们从不放弃。

即使整个世界都放弃了你，你也要坚持下去！

很多时候，打倒我们的不是别人，而是我们自己。只要我们的内心坚守着，就没有人能够让我们低下高昂的头颅。人生在世，没有任何人能够得到每一个人的认可和肯定。一个人，即使再怎么优秀，也无法使所有人都感到满意，因此，我们最需要做的就是坚定地做好自己，而无须太过于在于别人的看法。因为每个人都有自己的利益，所以每个人看待问题的角度和观点是截然不同的，这样一来，就算是同一件事情，不同的人看去也会得到不同的见解。在这种情况下，我们不能强求别人一定要认可自己的观点，也不要委屈自己接受别人的观点。

# 第03章

# 投资好人情，事情自然成

曾经有人说中国这个民族不长于思辨，艺术想象力也不发达，却最懂世故人情。我们姑且不去议论这句话正确与否，但这句话确实是有几分道理的。生活中的我们，在与人打交道的过程中，要学会“投资”人情，要逐渐建立一本厚厚的“人脉存折”，这样可以为社交提供更多机会，开拓关系网，也可以使事业一帆风顺。

## 没有永远的敌人，学会从敌对走向合作

相信在不少人的观念里，都有“敌人”这一概念，敌人顾名思义，指互相仇恨而敌对的人或敌对的方面。人与人之间，是存在一定的利益相关性的，一个人的利益变化会直接影响到他周围的人的利益变化。这一点，是可以用相关系数来表达的，朋友的利益相关系数大于0，敌人的利益相关系数小于0。有人说，人生就是一场演戏，那么，我们每个人都是其中短暂的演员，而利益的戏份却是永恒的。无论是人际交往、商业竞争，还是军事作战，道理都一样。

所以，我们可以说 “没有永远的敌人，只有永恒的利益”。的确，交往双方之间的关系，不一定是完全敌对的或者是完全友好的，它是不停变化的，而主宰这一关系的，就是利益。我们发现，这句话小到可以从生意场上的交往，大到国际间的来往都有例证。打个很简单的比方，两个国家之间，他们的语言不同，但却为了某个利益问题而坐下来协商；两个曾经势如水火的人，也可能为了达到某个共同的目

的而握手言和。在生意场上，过去的合作伙伴为了各自的利益，也可能瞬间就成了竞争对手！反过来，竞争对手也可以为了共同的利益关系变成了合作伙伴！

A公司与B公司同样生产皮革，他们都是供给制鞋公司做生产原料。起初，两家生产皮革的公司互为仇敌，互相诋毁，结果制鞋公司从中获取了好处。制鞋公司趁机压价，两家皮革公司遭受了严重的损失。后来A公司和B公司都意识到了这一点，于是两家公司联手，这才挽回了局面。正所谓鹬蚌持争，渔翁得利。因此，在商场上没有永远的敌人，对于竞争对手，要以朋友的心态对待，必要时与对方结成战略同盟，一起维护共同的利益。

从两家公司由敌人变为朋友不难看出敌人都是一时的。人际交往、政治斗争上，敌人不是永远的，同样，商业竞争上，敌人也只是一时的。

在人际交往中，敌人都是由客观条件或者自己意识作用形成的。客观的环境变化了，自己的思想转变了，那么敌人就将不复存在，剩下的只有朋友。如果你肯对平时对你充满敌意的人说一句关心的话，做一件有意义的事，那么对方很可能会在对你的态度上有一个180° 的转变。所以没有永远的敌人，只有永远的利益。

那么，人际交往中，我们该如何做到为了利益由敌对走向合作呢？

1. 包容别人，放下仇恨

包容是一首人生的诗，我们的生命因为包容而不再平庸；包容是一门生活的艺术，大度能容的境界，能让我们读懂人生的真谛。生活中，我们要懂得包容别人，因为相让共得，相斗俱伤。

我们要原谅他人一时的过错，不锱铢必较，不耿耿于怀，做个大方的人。宽容如水的温柔，在遇到矛盾时往往比过激的报复更有效。它似一捧清泉，款款地抹去彼此一时的怒眼，使人们冷静下来，从而看清事情的本来缘由。试想一下，倘若我们针锋相对，以同样的方法还击对方，那么除了两败俱伤，头破血流之外，还能为我们带来什么呢？

2. 主动和解，化解争端

交际双方，如果谁都不主动和解，那么只能不断争执下去，当你看到一定的利益后，就应该大度一点，主动和解，当彼此相视一笑后，岂不开怀？

至高境界的包容，是升华为一种对人对事的胸襟，对人生如诗般的气度。不要再争斗了，争斗只会两败俱伤，只有相让，才能共得！

# 别让友谊因为利益而失去色彩

友谊是世间最真挚的情感之一，王勃的一句“海内存知己，天涯若比邻”深刻地描绘了友谊的伟大。爱因斯坦也说过：“世间最美好的东西，莫过于有几个头脑和心地都很正直的朋友。”俗话说的好，“朋友多了路好走”“在家靠父母，出门靠朋友”，因为有了朋友，我们的人生不再孤单，不再彷徨，我们始终能从朋友那里得来最真挚的帮助。因而，和朋友之间的人情，绝对不是“利益”可以衡量的，这是一种超越金钱甚至是所有物质的情感。达尔文说：“讲到名望、荣誉、享乐、财富等，如果拿来和友谊的热情相比，这一切都不过是尘土而已。”利益在友谊面前，是显得那么的卑微和渺小。

被称为“赚钱之神”的邱永汉说：“失去财产，仍有从头再做生意的机会；失去朋友，就没有第二次机会了。”的确，人是最大的资源，不管做什么事情，都要有人的参与，而朋友就是最可靠的人力资源，得到了他们的帮助，你就会发现，人生如虎添翼，什么都不是困难。

一个人一生不管人缘怎样，都会有几个朋友，有人曾经说：“一个人的命运如何，要看身边的五个朋友”，这句话表明了朋友的重要性，我们要处理好于朋友直接的关系，就要放下利益观念，只要真心相待，友谊便像常青树一样，当我们需要朋友的时候，他们自然会挺身而出！

维护友谊你需要做到：

1. 淡化利益观念

通常情况下，人们之所以在利益上不愿意让步，就是因为他们把目光放在了所谓的亏上。比如，金钱、物质或者名利，而如果我们紧紧盯住这些外在利益，便无法释怀，自然也不愿让步，而带来的结果往往就是纠结的心态，紧张的人际关系，如果你能对名利淡然一些，或许收获的就是另外一种心情！

2. 学会吃亏与让步

我们拥有的并不多，重要的是有没有一个得失的准则，帮我们在复杂中找到那么一点简单，在踌躇中找到那么一点依据。如果把吃亏当作一个途径，那确实需要付出勇气，也需要一定的策略。为此，生活中的人们，如果你也能收起那颗不愿吃亏的心，你也能收获成功、赢得友谊。当然，毫无原则的让步与吃亏就是人们常说的“好好先生”，是一种懦弱的表现。

## 学会接受他人的帮助和馈赠

当今社会，不是个人英雄主义的时代，也不存在无所不能的救世主。每个人都将会成为团队中的一份子，因为每个人的力量都是有限的，这决定了人与人之间的分工合作更加密切，人际关系变得前所未有的重要。举个简单的例子，在足球运动中，任何球员哪怕能力再强，也不可能同时身兼数职，以一己之力赢得比赛。如果当前锋，就无法兼顾后卫；如果当后卫，就不可能兼顾守门员的职责。总而言之，一个人就算能力超强，也必须融入团队之中，才能表现出自己的优秀，成就自己也能成就团队。

一个人，如果总是固执己见，一意孤行，在现代社会是根本走不远的。古人云，“独学而无友，则孤陋而寡闻”。因此，朋友们，不管我们能力高低，都必须摆正自身的位置，既学会接受他人的帮助和馈赠，也在他人需要的时候慷慨地伸出援手。正如人们常说的，礼尚往来，所谓人情正是用来欠的。我们唯有学会接受他人的好意，参考他人的意见或者建议，才能与他人更好地交流合作，才能实现共赢。

从某种意义上来说，接受他人的好意是一种美德。一个人如果总是把他人拒之于千里之外，对他人非常冷淡，那么就会失去原有的人缘。金无足赤，人无完人。每个人能力再强，也不可能独自存活于世。所以，我们必须抛弃虚伪的面具，承认自身的脆弱，也承认自己有时候的确需要他人的帮助。这样的无能为力，恰恰是一种真实，恰恰能够表现出我们的真诚和热诚。此外，我们还要学会参考他人的意见。所谓“三个臭皮匠，赛过诸葛亮”。就连神机妙算的诸葛亮，仅凭一己之力也未必能够战胜三个臭皮匠，更何况是我们呢！所以，我们一则要谦虚、好学；二则也要尊重每一个人。尺有所短，寸有所长，一个人不管身份地位高低，总是有可取之处，我们决不能怠慢和轻视任何人。这才是做人的明智。

张晴一个人在北京读大学，这让妈妈非常担心她。虽然妈妈经常借助于职务的便利去北京看张晴，但是毕竟路途遥远，有的时候遇到着急的事情，时间上根本来不及。

前段时间，北京突发流行性感冒，这次感冒来势汹汹，极具传染性，张晴也被传染了。她头昏脑涨，发着高烧打电话给家里，妈妈火急火燎地买了最快出发的火车票，但是最快也要一天之后才能赶到北京。这时，张晴给也在北京的初中同学李刚打电话。李刚接到电话后，马上从郊区赶到张晴所在的学校，为了避免交叉感染，他还主动把张晴接到校外的宾馆住下。他细心地给张晴买来各种水果，还去饭店点了张晴爱吃的饭。张晴妈妈心急如焚地从老家赶到北京，看到李刚正在守护着张晴，不由得热泪盈眶。张晴妈妈在北京待了三天，回到老家后，她当即买了一套品牌西服寄给李刚，作为答谢。不想，李刚坚决拒绝，而且还有些生气的样子。张晴不解，刘刚说："我可不是为了得到你的感谢，才去守着你。我们是同学，又是老乡，难道这点儿情分还没有吗？我不需要感谢。"

听完李刚的话，张晴恍然大悟，说："好的，我明白了。"后来有一次，张晴又遇到小麻烦，当即给李刚打电话，李刚第一时间赶到张晴身边。看到自己能帮助张晴，李刚还觉得很高兴呢！

实际上，我们欠了别人的人情想还，这是可以理解的。但是，人情未必要着急还。中国人历来讲究礼尚往来，人情也恰恰是用来欠着，等到对方需要的时候再竭尽所能地帮助对方，比所谓的还人情来得更好。

从某种意义上来说，接受一个人的好意，就相当于接受了他这个人。我们应该更加随和一些，多与他人打成一片，才能与他人之间建立良好的关系，拥有好人缘。

## 关系再近，也不要有金钱瓜葛

现代社会，金钱被提升到更高的高度，但正如人们常说的，金钱不是万能的，但是没有钱却是万万不能的。的确，现代社会一举一动都需要金钱作为支撑，如果没有金钱，也许真的会到寸步难行的地步。虽然金钱如此重要，我们却不能为了得到金钱就不择手段。归根结底，金钱永远不能凌驾于我们的人格和道德之上。唯有摆正心态，以良好的心态对待金钱问题，坚持自我，才会不迷失在对金钱的追求中。

在人际关系中，虽然有很多复杂的问题等待解决，但是金钱问题却名列其首。假如是君子之交淡如水倒也还好，只是普通的没有任何利益牵扯的朋友，也是比较好相处的。但是一旦牵涉到金钱，我们就必须引起足够的重视，从而才能做到“亲兄弟明算账”。对于金钱的问题，千万不要羞于谈论。因为我们一时的羞涩导致沟通不到位，未来也许会引起更大的麻烦。所以朋友们，丑话要说在前头，不管我们与他人之间关系多么好，我们也都要把金钱的问题先说清楚。这样，未来因为金钱发生纠纷的时候，我们才不至于太过被动。

也许有些朋友会说自己和某个人交情特别铁，好得穿一条裤子，根本无需对金钱问题斤斤计较。的确，如果我们与朋友是好几年才见一面吃顿饭，那么对于金钱的问题完全可以忽略。但是，假如我们与朋友之间经常发生利益关系，或者是经常有涉及到金钱的事情，那么我们必须“亲兄弟明算账”，才能保护友谊不被金钱的伤害，使友谊始终保持纯洁和纯粹。

从师范院校毕业后，明明回到家乡的一所乡村小学里当老师。和明明一起来到学校报道的，还有另外一个女孩冬冬，以及一个因为工作调整来到学校的青年教师小霞。因为其他老师都是本村的或者是邻村的，离家很近，所以中午饭都回家吃。而她们三个人离家远，中午只能在学校吃。思来想去，村里也没有什么小吃店，所以她们决定搭伙吃饭。

原本，三个人说好了一起从家里带点儿柴米油盐酱醋茶以及蔬菜等食材，但是冬冬只带了一次干香菇之后，再也没有带过其他东西。每到吃饭的时候，小霞张罗着问中午吃什么，冬冬总是敷衍地说：“我减肥呢，你们决定吃什么，我跟着吃几口就行。”就这样，一个多月过去，冬冬总跟着吃饭了，却很少带东西。每当小霞说要一起凑钱吃饭，冬冬总说自己中午不想吃，要减肥。于是在小霞和明明的一肚子意见中，又是一个月过去了。看到冬冬天天嚷着减肥，又天天跟着吃饭，小霞和明明一合计，决定从此之后各吃各的。就这样，原本她们三个人兴高采烈地搭伙做饭吃，现在却闹得不欢而散。

冬冬虽然嚷着减肥，却总是要跟着吃几口，日久天长，也难怪小霞和明明会有意见。虽然每天吃的也不是山珍海味，但是时间长了，毕竟会产生隔阂。在最开始的时候，假如她们能够意识到即使是亲兄弟也要明算账，把所有事情都说清楚，那么后来也就不会闹得不欢而散了。

一直以来，很多人都羞于谈钱，似乎一旦谈钱就伤害了纯洁无瑕的友谊。实际上，在与朋友相处的过程中牵扯到经济利益的时候明算账，恰恰是为了维护友谊的均衡，使友谊更好更长远地发展。但是需要注意的是，凡事皆有度，虽然我们和朋友、兄弟姐妹等明算账，但是却不要过于斤斤计较。否则，商品的等价交换必然会使友谊变味，唯有恰到好处地把握和平衡好金钱与友谊之间的关系，我们才算是真正学会“明算账”。

# 互惠互利，有时候你也需要“功利性”友谊

很多心思纯粹的人总觉得友谊就应该是纯粹的，是毫无瑕疵的，殊不知随着时代的发展，管鲍之交那样的友谊已经越来越少见了，更多的友谊与功利扯上关系，就变了味道。但是功利性友谊并不像我们想象中那么可怕，纯粹的友谊固然值得我们向往，但是功利性友谊同样能够促使我们获得成功。所谓功利性友谊很容易让人联想到人们彼此之间相互利用，但是，如果我们与朋友能相互帮助，也能彼此扶持，何乐而不为呢？假如我们每天都为了那些毫无意义的人际关系浪费宝贵的时间和精力，那么我们的生活不但不会进步，反而会退步。当然，也许有的朋友会说人是需要灵魂伴侣的，我们却要说，人的确需要灵魂伴侣，却不是每时每刻都需要灵魂伴侣。归根结底，生活离不开柴米油盐酱醋茶的烟火气，我们也必须与生活接轨，才能更好地把握人生。

现实生活中有种非常奇怪的现象，那就是很多人都喜欢和能力比自己差的人交往，这到底是为什么呢？其实，人的本性是很脆弱的，人人都不想承认自己不如别人，而想在与他人的比较中占据优势。所以，不难理解为何有的人交往

范围很小，而且仅限于有限的不如他或者和他平起平坐的几个人。这样一来，闲来无事的时候把酒畅谈，自然会心情舒畅，感到轻松自在。的确，对于普通人而言，这样的朋友交往已经足够了，但是对于想要有所发展的人而言，这样的交往完全不足以支撑自身的发展。

如今，社会上有各种各样的培训班、提升班，有些班的确是针对知识提升而言的，但是有些班却是那些有野心的人拓展人脉关系的最佳地方。他们借助于参加各种高档培训班的机会，结识那些公司老总等成功人士，从而与贵人攀上了关系。这样一来，他们的人生必然拥有了更多曙光，也得到了更多机遇。俗话说，好风凭借力，借梯能升天。尽管很多人都说人生没有捷径，但是只要能够稍微快速便捷一些获得进步，也是所谓的捷径了。细心的朋友们会发现，古今中外，有很多有所成就的人都是因为得到了他人的帮助，甚至说鼎力相助，才最终获得成功的。所以在功利性友谊面前，我们既要考量他人能给我们提供怎样的便利，也要考量我们自己能给他人提供怎样的便利，这样才能各取所需，做到互惠互利。

当然，这并非意味着我们彻底否定纯粹的友谊。不得不说，古今中外，纯粹的友谊一直都是人类之间最伟大的赞歌。我们既需要与灵魂伴侣的朋友之间纯粹的友谊，也需要带着人间烟火气息的功利性朋友之间实用的友谊。其实，人与人之间的关系除了纯粹的精神关系之外就是现实的关系，是相互扶持和帮助、是相互利用和支撑、是相互搀扶和不离不弃。

人的本质就是现实而又功利的。人们对于哪些人对自己有利、有帮助，哪些人只能拖自己的后腿，导致自己受到牵绊，是一眼就能看清楚的。但是，人活着也不只是为了功利。更多的时候，我们也要更加关注自己的心灵和灵魂，毕竟唯有了解好人生的根本，才能把握好人生的方向。

美国有位大名鼎鼎的财商教育专家，他直言不讳地告诉民众，和成功人士交朋友是非常重要的，甚至能够改变我们的生命。相似的人汇聚在一起的时候，不但会形成强大的气场影响他人，也会共享很多珍贵的资源，诸如很多有用的信息、思维的新角度、解决问题的思路和方法等等。有些东西如果仅仅依靠我们自己摸索，也许需要漫长的时间，但是如果得到他人的点拨，我们就能节省大量的时间和精力，这不是捷径又是什么呢？此外，与成功者交往，加入成功者的圈子，我们也会得到更多的机会，从而距离成功越来越近。所以，一个人如果想成就自己的事业，就必须意识到仅仅依靠自己的能力是不够的，必须找到能够助力我们的人，我们才能够事半功倍。

## 多多参加社交聚会，扩大自己的交友圈

现代社会生活中，有很多宅男宅女。他们最喜欢做的事情就是宅在家里，不愿意走出家门，与他人进行过多的交往。然而，一个人只有拥有良好的人际关系，在生活和工作上才会如鱼得水。对于宅在家里的人们而言，是不太可能在人生之中获得巨大成就的。常言道，在家靠父母，出门靠朋友。这句话特别有道理。宅在家里的人除了家人和亲戚以及为数不多的好朋友之外，几乎没有人际交往，可想而知他们与时代的联系很松散，他们距离成功也会非常遥远。

除了这些宅男宅女之外，还有很多人虽然看似有正常的社会生活，但是在人际交往中他们总是非常被动。举例而言，和朋友间的交往，他们从来不是主动者，而是被动地接受朋友的安排参加各种聚会。不得不说，这样的人还是有很大的上升空间的，至少他们应该成为很多朋友之间活动的策划者、组织者。在真正参加社交聚会时，还要注意保持积极

主动，抓住一切机会结识他人。这样，我们的人脉资源也会更加丰富。很多朋友参加社交聚会时，或者站在原地百无聊赖，或者躲在角落中对着手机。不得不说，这样的行为表现只会导致社交聚会毫无成效，也会使我们坐立不安，完全体会不到参加社交聚会的快乐。

世界知名的篮球巨星乔丹曾说，要想有所收获，就必须主动出击，因为被动是无法得到任何收获的。遗憾的是，现实生活中相当多的人都已经习惯了被动，而要想掌控全局，我们必须主动。所以朋友们，展开进攻的姿态吧，把每一个潜在的能够成为朋友的人，都当成是我们的“猎物”，对其主动进攻。

大学毕业后，小雅一直在一家小公司工作，虽然想跳槽，但是却没有找到合适的机会。一个偶然的机会，小雅知道整个行业要进行资格证书的考试，灵机一动，突然就想参加报考。就这样，她在繁忙的工作之余，总是抽出时间去上培训班，果然认识了很多业内人士，而且其中不乏公司的经理或者老总呢。

小雅一开始的时候不敢和培训班里的那些公司高层人士搭讪，后来渐渐鼓起勇气，心想：我就把他们当成是普通的同学，又有何不可。就这样，小雅和他们从陌生到熟悉，有几个老总得知小雅是同行从业者，因为在接触中对小雅有了一定的了解，所以居然直截了当地邀请小雅去他们的公司工作。就这样，小雅在综合考察了几家公司的情况后，决定跳槽到其中一家规模比较大、发展前景很好，而且老总人也很和善的公司，重新开启了自己事业的新篇章。

小雅是个非常聪明的女孩，她知道以自己的身份还没有资格参加高端的行业聚会，所以就抓住这个千载难逢的好机会，参加了行业资格证书的补课。果不其然，这是比聚会更好的社交场合，她很快就认识了很多业内人士，也帮助自己建立了良好的人脉关系网络。这样一来，她从四处奔波找工作，到得到那些老总的认可、接受那些老总的邀请、挑选工作。不得不说，她的思路非常好，也的确事半功倍，达到了她预期的目的。

朋友们，在一生之中，我们会经历很多社交聚会。很多时候，我们也许并不想参加这样的聚会，甚至非常对其排斥。殊不知，我们身边有很多人正在等待机会参加这样的聚会，而且还有一部分已经通过这样的社交聚会成功扭转了自身的命运，假如你现在还默默无闻，还不知道如何隆重推出自己，那么就先从积极参加社交聚会做起吧！其实，不一定只有行业内的聚会才是机会，诸如日常生活中的朋友聚会、舞会、结婚典礼等，都是很好的机会。所谓处处皆学问，我们也要说，处处皆机会。只要我们擦亮眼睛，始终盯着机会可能到来的地方，机会总会不期而至，给我们大大的惊喜。

# 第 04 章

# 懂得忍耐，别让冲动毁了自己前期努力

生活中不管是谁，在人生中难免会遇到不如意的时候，却又一时无力扭转现状，那最好的选择就是暂时忍耐，因为事情总是在不断发展变化中，一旦有利的时机到了，那成功就指日可待了。所谓“忍一时风平浪静，退一步海阔天空”，学会在忍耐中等待命运转折的时机。凡成大事者，必定能忍得一时之辱，容得一时之痛。所以，有时候，当我们置身于不利的环境中时，要懂得忍耐，鼓足勇气忍下去，这样才能取得最后的胜利。

## 多一点思考，就可以避免冲动的烦恼

哈佛告诉我们：多一点思考，就可以避免冲动的烦恼。高僧寒山与拾得这样说："如果有人诽谤我、侮辱我、耻笑我，我们应该忍着他、避开他、不去理他，等上几年，一切便是过眼云烟了。"当然，时间可以把那些深重的戾气化为乌有，把那些怨恨化作淡然。不过，对于大多数人来说，却无法达到那样的境界，他们习惯于当下便去解决问题，而且，倾向于"闻过则怒"。实际上，何必这样盲目地去决定一件事呢？懂得多给自己一些机会，懂得多给自己一些不后悔的理由，这样我们就可以避免冲动带来的烦恼。尤其是勃然大怒之前，我们需要一些思考，寻找怒火本源，也许，就是这样的一点思考时间，那隐藏在心中的怒火便会消散。

通常情况下，人们是由于自己的尊严或利益受到伤害而产生冲动的情绪，并且这样的状态很难一下子就冷静下来。所以，当我们察觉到自己的情绪十分激动，快要控制不住的时候，我们应该及时转移注意力、自我放松、努力克制冲动的情绪。心理学家认为，冲动是人的弱点，所谓的大胆和勇敢，并不是动辄发怒，而是应该在此时保持沉默。当然，在克制冲动情绪的时候，我们需要思考，打开心结，反问自己：为什么会有冲动的情绪？反复思考，这样我们才能从源头遏制冲动的情绪。

## 保存实力，总能让自己发光发热

常言道，“宁为玉碎，不为瓦全”。生活中，这样具有高风亮节的人不在少数，而且他们性格执拗，对于自己认准的道理，绝不愿意轻易屈从。殊不知，这样的“玉碎”当然让人感到钦佩，但是一旦“玉碎”，便再也没有东山再起的那一天，也就失去了所有的机会，失去了所有的可能性。既然如此，如果事情不牵涉到绝不可让步的原则性问题，我们不如更好地面对人生和未来，选择暂时性的低头。所谓“留得青山在，不怕没柴烧”。唯有保存实力，才能最大限度发挥自己的光和热，创造属于自己的精彩人生。

人生虽然短暂，但是很多事情并非没有重头再来的机会。尤其是现代社会，竞争非常激烈，生存越来越艰难。在激烈的竞争中，我们要想出人头地，并非易事。唯有更加积极主动地面对人生，带着“厚脸皮”从容游走人生，才能避免因为一时冲动就放弃人生，也避免人生陷入绝望的境地。

大自然里的万事万物都遵循自身的规律发展着，一切都循环往复，人生也是如此。人们常说的三十年河东，三十年河西，就是这个道理。所以，一个人再怎么贫穷和艰难，也不会一生之中都寸步难行，我们唯一需要做的就是继续坚持和努力，熬过人生中最难熬的阶段。任何时候，都不要轻视生命，更不要随随便便结束生命。我们唯有怀着积极的心态面对人生，才能最大限度使人生圆满，让我们的未来变得更美好。曾经有记者采访一位百岁老人，问老人对于人生的感悟，老人只说了一个字——熬。没错，人生真的需要熬过去，才能柳暗花明又一村，人生也真的需要一直地熬着，才能走过艰难坎坷，绝不轻易放弃。一个“熬”字，生动形象地向我们揭示了人生的真谛，也告诉我们最应该铭记在心的原则。

明智的人为了活下去，不但可以暂时低头，还可以忍受屈辱。

战国时期，魏国的范雎才华横溢，但是却因为没有人推荐，始终默默无闻，只好寄居在中大夫须贾门下，作为须贾的食客。有一次，须贾在魏王的安排下出使齐国，还带着范雎等随从。不想，齐襄王不但对范雎赞不绝口，还赏赐给范雎很多金银珠宝。范雎当然知道自己的身份地位，因而拒绝了齐襄王的好意。但须贾却因为受到齐襄王的冷遇，因而在范雎面前觉得很没有面子，不免迁怒于范雎。

回到魏国后，须贾不但在相国魏齐面前说了范雎很多坏话，还诬陷范雎犯了叛国罪。魏齐愤怒不已，当即下令抓住范雎，并且对范雎严刑拷打，直到范雎奄奄一息。范雎是志向远大的人，当然不想就这样空有一身才华却被冤死。为此，他想方设法装死，骗过了前来查看的魏齐。魏齐以为范雎真的死了，就让奴仆用草席裹起范雎的尸体，将其扔到茅厕里，还让所有人去茅厕时都把屎尿弄到范雎身上。当天晚上，范雎看到魏齐只安排了一个奴仆看守他，因而再三恳求奴仆，让奴仆救他一条性命。就这样，范雎在奴仆的帮助下侥幸逃生后，又让家里人给他发丧，这才瞒过魏齐，从此之后去了秦国。秦王非常赏识范雎的才华，拜范雎为相国。范雎在秦国一人之下，万人之上，决定复仇。他劝说亲王马上发兵攻打魏国，魏齐得到消息后惊恐不已，连夜逃往赵国，藏在平原君家中。秦王设计扣押平原君，从而得到了魏齐的人头，这下子范雎可算是报仇雪恨了。

人们常说，君子报仇，十年不晚。在这个历史典故中，魏齐心狠手辣，哪怕确定范雎死了，也不愿意放过范雎。幸好范雎机灵，才能侥幸保全性命。在秦国成为国相之后，他便开始报仇雪恨，最终取得魏齐的人头。

假如范雎在被魏齐安排下人扔到茅厕之后，不能忍受屈辱，那么他必死无疑。正所谓十年磨一剑，这句话就是告诉我们必须忍受屈辱，才能为自己日后的成功奠定基础，也才能为自己赢取更多的机会，走向成功。

## 能屈能伸，从容忍耐

常言道，大丈夫能屈能伸。这句话告诉我们，不是只有刚直不阿才是大丈夫。真正的大丈夫，既要有英雄气概，也要做到能屈能伸。所谓能屈，就是指当外部客观环境对我们不利的时候，我们能够静下心来耐心等待时机。能伸，就是指当外部客观环境对我们有利的时候，我们要抓住时机马上振作起来，从而让自己获得成功。有的时候，机会转瞬即逝，所以我们更要有胆识、有魄力，抓住千载难逢的好机会，才能成就大事。

当然，人生随时处于变化之中。屈只是暂时的，暂时的屈是为了远大的人生和理想。假如我们因为不能忍受一时之屈，就爆发出毁灭性的力量，那么我们不但最终壮志难酬，也无法实现自己的抱负。伸当然是每个人都渴望的状态，然而在生活中如何更好地伸，也是需要智慧的。现代社会，生活节奏越来越快，工作压力越来越大，形形色色的竞争也日益激烈。在这种情况下，我们必须能屈能伸，伸屈有道。否则，该伸的时候不伸，该屈的时候又一味地出头，岂不是让我们的人生更加被动吗！聪明的朋友面对残酷的生活，既不会一味地退缩，也不会一味地进步，而是倚靠自己的人生智慧不断争取属于自己的机会，从而开拓属于自己的人生。可以说，屈是一种柔韧性的力量。就像水，虽然是大自然中无形的物体，但是却无孔不入，因而水也是最强韧的物质，蕴含着人们难以想象的力量。

任何人要想获得成就，就必须拥有顽强的意志，接受无尽的磨炼和忍耐。要知道，没有任何一个人的人生会是一帆风顺的。不管什么时候，我们都要学会能屈能伸，才能适应各种复杂的情况，从而更加深刻地感受人生，也更加成功地把控人生。

# 主动妥协，并不是软弱退让

在大自然中，各种事物和谐共生，彼此相容，从而达到大自然的整体和谐。在人类社会，要想创造和谐，也是如此。因而聪明的人虽然懂得要维持自己的合法权益，也知道不能时时处处软弱退让，但是也知道自己必须学会谦虚礼让，有的时候还要主动妥协，才能维持良好的人际关系，与他人之间友好相处。

现实生活中，世界是美好的。哪怕有邪恶的一面，也会更多地展现出美好，让我们每个人都对世界满心留恋，满怀希望。也许有朋友会说，妥协说是弱的表现，殊不知这是以退为进的绝佳方式，往往能够帮助我们达到预期的效果。从心理学的角度而言，人是有互惠心理的。当我们对他人示好时，他人也必然会对我们示好，从而让我们以退为进，获得进步。当然，妥协也是有度的，我们唯有恰到好处地妥协，才能避免软弱和怯懦，也才能真正成就自己。

近来，小王正在四处奔波买婚房。他的婚期越来越近了，他很想赶快买一套房子，这样才能赶得及装修，给他心爱的女孩一个完美的家。然而，小王虽然看中了几套房子，但是房主不是要涨价，就是改主意不卖了，弄得小王心力憔悴。他暗暗问自己："难道我想买一套属于自己的房子，也不行吗？"

这个周末，小王又看上了一套房子。他准备周一下班之后，和房主见面谈谈价格，如果合适的话，就把这桩买卖定下来。这次，他想起之前和房主谈价格碰到的钉子，因而决定改变一种方式。很快，周一晚上到了，小王和房主坐在中介公司主持的谈判桌上，开始谈论关键问题。小王先发制人："您好，张先生，我对您家的房子很满意。不过我首付全是父母辛苦借来的，所以我首付很紧张。对于您的房子，我的心理预期是在120万元（房主的报价说128万元）。"房主听到小王说出的话，很为难地看着小王，当即斩钉截铁地说："这个价格绝对不可能。要是我愿意这个价格卖掉，我的房子一个月前就成交了，根本等不到你来跟我砍价啊！"小王当然知道这个价格不可能，但是他还是装模作样和房主软磨硬泡了好一会儿，之后他话锋一转："这样吧，我也知道您很为难。我的确也是有苦衷，不然我就不在这里和您磨嘴皮子了。我把价格提高到122万元，这真的是我的极限承受能力了。您就当是把房子托付给一个有缘人，也随时欢迎您回家来做客。"听到小王的话，张房主有些不好意思，说："小王啊，我知道你初次置业困难，就像我当初买这套房子，也是很艰难的。这样吧，我也不128万元了，我给你让到125万元。你要是觉得可以，咱们就签约。要是实在不行，我也真的没办法了，毕竟我也说换房，卖了这套房子，我也还得借债买其他的房子。”小王心中不由得暗暗窃喜，因为他的心理价位就是在125万元。不过看到房主这么痛快给让到125万元，他决定再努力一下，争取让房主把价格让到124万元。最终，还是小王率先让步，让房主也让了一步，他们以124万元的价格达成了交易。

在这次谈判的过程中，虽然小王看起来不停地妥协，但是实际上他是以退为进，以他的妥协换取了房主的主动让步，这样交易才能顺利达成。反之，假如小王总是就价格问题咄咄逼人，那么房主也必然寸步不让，这样他们的谈判就很难这么顺利进展。

常言道，退一步海阔天空。任何时候，我们都不要与他人针锋相对，这样会导致他人对我们心怀不满，加倍警惕。我们唯有学会适度地妥协，以退为进，才能以柔软化解他人的强硬。很多人之所以能够获得成功，就是因为他们深谙妥协的道理，也能把妥协运用得炉火纯青。

## 忍得一时，换来人生的顺遂如意

“小不忍则乱大谋”。这句话其实是几千年前的孔子圣人说的。“巧言乱德，小不忍则乱大谋。”这句话告诉我们，一个人如果总是油嘴滑舌，就会品德败坏，如果总是不能忍耐，就会导致事与愿违。由此可见，谨言慎行和忍耐对于我们的人生都有至关重要的影响。

当然，忍耐并不是一件容易的事情。所谓忍字头上一把刀，要想真正忍耐，还是很难做到的。一个人要想忍耐，必须拥有宽容的胸怀和高尚的气度，也要拥有极高的智慧，才能知道自己何时应该忍耐，何时应该不再忍耐。很多通晓处世哲学的人都对忍耐推崇备至，即便有着再多的处世哲学，忍耐也是人安身立命之本。人生在世，不可能时时处处都顺遂如意，也不可能遇到的每个人都是喜欢自己的人。在情绪起伏不定的时候，如果能够忍耐，就能避免发脾气，如果不能忍耐，乱发脾气，由此一来，我们又如何让自己的人生更加一帆风顺呢！

自古以来，有很多事例都是关于忍耐的。诸如韩信当年如果不能忍耐胯下之辱，也许早就因为杀人之罪锒铛入狱了，越王勾践如果不能忍受在吴国的卑贱生活，心甘情愿地作为吴王的仆人伺候吴王，那么他就不可能最终消灭吴国。虽然我们未必能够像韩信和勾践一样青史留名，但是作为普通人，在面对人生中的坎坷和挫折时，我们同样需要有忍耐的精神，忍得一时才能换来人生的“海阔天空”。

春秋末期，吴国攻打越国，活捉了越王勾践，将其带到吴国当仆人。曾经作为越国国君的勾践原本高高在上，转眼之间却成为吴国的阶下囚，而且还要亲自伺候吴王，可谓是不可忍受。然而勾践为了有朝一日能够为国家报仇雪恨，最终选择了忍气吞声。他不但老实本分地伺候吴王的马匹，而且还主动要求去给吴王的父亲看守墓地。在吴国的那段时间里，勾践始终安守本分，从未表现出任何抗拒的举动。最终，吴王对他失去警惕心理，以为勾践已经死心塌地地臣服吴国，所以放勾践回到越国。

回到越国之后，勾践没有恢复锦衣玉食的生活，而是继续粗茶淡饭，带着他的妻子一起辛勤地劳作。为了提醒自己曾经的耻辱，勾践夜晚不睡在床上，而是睡在柴草堆上。他还在饭桌上悬挂了一个苦胆，每次吃饭之前都会舔一舔苦胆，让自己不要忘记曾经的苦难。就这样，勾践率领越国全体民众励精图治，把国家治理得国富民强。为了麻痹吴王，他还把绝世美女西施送给吴王，这样一来，吴王更加沉迷美色、荒废国事。果不其然，在二十年里的时间里，越国越来越强，吴国却变得国力衰弱。最终，勾践率领大军一举消灭吴国，吴王成为亡国奴，拔剑自刎。

假如勾践不能忍受在吴国的屈辱，就不可能回到越国。正是因为他把自己伪装得很好，处处忍耐，所以才能得以回到故国，励精图治。朋友们，人生之中很多时候都是需要潜伏的，唯有付出时间，我们才能收获成就。当然，人生之中需要忍耐的很多，不但需要忍耐一时之气，也要忍耐不如意，忍耐灾难与坎坷。我们只是普通人，人生未必会大起大落，但是为了使我们的人生更加顺遂如意，所以我们必须学会忍耐，时刻牢记以下几点：

（1）人生总是有高潮有低谷的，即便遭遇人生的不如意，我们也要极富忍耐精神，这样才能度过人生中最艰难的时刻。

（2）人生不如意十之八九，面对人生的不如意，我们必须保持理智，时刻忍耐，才能让自己获得梦寐以求的成功。

（3）真正的强者，不但有勇有谋，也很善于忍耐。只有忍得一时，才能一生平顺。

## 学会忍耐，才能抓住每一个来到眼前的好机会

生活是无常的，没有人能够真正预知生活，也许有些人能够根据现实的情况推测出未来即将发生的事情，但是依然无法阻止突发变故。所以，我们尽管可以预测生活，却无法真的预知生活。每个人的生活，都面临着未知，既有可能是意外，也有可能是惊喜。在这些意外和惊喜没有发生之前，我们无从得知自己面对的将会是什么。在这种情况下，能够适度忍让，不要轻而易举地爆发，就显得至关重要。否则，有可能因为冲动失去千载难逢的好机会，甚至有可能因为冲动丧失原本拥有的一切。正如人们常说的，冲动是魔鬼，这句话虽然有些极端，但是能够流传至今，就一定有其道理。尽管我们只是普通人，只能拥有普通人的人生，但是我们依然要竭尽所能地帮助自己拥有更加美好的未来。

古今中外，很多成功者之所以能够获得成功，就是因为他们能够忍受一时的屈辱。一代名将张良在石桥上邂逅老人之后，是因为忍耐，所以才帮助老人捡起桥底下的鞋子，又亲手给老人穿上，也是因为忍让，才几次三番地半夜时分就去石桥上等着老人，最终得到了那本兵书。再开看看现代社会，有多少流血冲突事件是因为不能忍让才发生的。那么多

年轻的生命，那么多曾经美好的人生，就这样因为冲动而戛然而止，使人不胜感慨唏嘘。因此朋友们，不管面对任何事情，我们都必须学会理智和忍耐，这样才能保持冷静的头脑想方设法地解决问题。越是在危急的情况下，我们就越是要忍让、忍耐，这样才能让我们更加从容淡定，一直奋发向前。

刘邦手下的大将张良，小时候就忠厚老实，勤奋学习。正值兵荒马乱，他和很多灾民一起仓皇出逃，躲避战乱，最终来到下邳。

有一天，张良刻苦读书之后觉得头昏脑涨，所以信步走到石桥附近。正当张良准备走上石桥时，石桥上坐着的一个老人突然喊道："小孩，给我把桥底的鞋子捡上来。"张良听到老人没有礼貌的话，原本觉得有些生气，但是看到老人白发苍苍，所以转念一想，走到桥下帮助老人捡起鞋子，送到桥上。张良才刚刚走开几步，老人再次喊道："小孩，别走，帮我穿上鞋子。"老人不但没有礼貌，简直就是倚老卖老，然而张良虽然心生不悦，还是对老人言听计从，又走回来恭恭敬敬地帮助老人穿好鞋子。

等到张良走了很远之后，老人再次在他身后大声喊道："小孩，回来。"张良有些厌烦，但是一想到老人年纪大了，他就忍耐住自己的气愤，转身回到老人身边，问："老人家，您又有什么事情啊？"老人说："没事了。不过我觉得你孺子可教，所以想教些真本领给你。明天早晨，你来到这里等着我，我有东西给你。"听到老人这么说，勤奋好学的张良很兴奋。次日清晨，他早早起来来到桥上，不想老人已经到了。老人有些生气地说："你来晚了。明天早晨再来吧。"说完，不等张良回答，他就扬长而去。第三天清晨，张良更早起床来到桥上，但是老人又等候在那里。看到张良来了，老人生气地说："你又迟到了！"说完，老人头也不回地走了。张良觉得很惭愧，毕竟老人已经那么大年纪了，自己的确不应该迟到。当天夜里，张良根本没有睡觉，而是一直在煤油灯下读书，才刚刚半夜，他就去了桥上。他等了很长时间，天才蒙蒙亮，看到老人远远地走过来，他赶紧迎上前去，鞠躬行礼。看到张良谦虚好学的模样，老人拿出一本书给张良："孩子，认真读这本书，将来你一定能平定天下。"老人说完这句话把书交给张良，就走了。张良追问老人的姓名，老人头也不回地说："我叫黄石，住在济北谷城山下。"老人越走越远，张良迫不及待地拿着书回到家里，开始勤奋苦读。

张良偶然得到的这本书，就是《太公兵法》。正是因为对这本书钻研透彻，学习到了书中的精髓，张良才能成为一代名将，辅佐刘邦平定天下，创造了千秋大业。聪明人不难知道，老人在把那本传世奇作《太公兵法》真正传给张良之前，可没少刁难张良。但是张良谦和有礼，孝敬老人，对于老人的无理取闹，他始终都在忍耐。正因为如此，他才能有日后的发展和成就。

朋友们，生活中我们不确定自己何时能够碰到良好的机遇，因此我们必须学会忍耐，才能抓住每一个来到眼前的好机会。需要注意的是，不以貌取人，这是我们成功的关键所在，因为我们根本不知道机会将会以怎样的形式出现，也不知道谁才是我们生命中的贵人。

（1）我们不是张良，也不太可能得到传世的神奇兵书，但是我们生活在现代社会，随时随地都可能出现机会，我们必须做好准备，才能抓住机会。

（2）忍耐，能够帮助我们获得很多千载难逢的好机会，使我们的人生境豁然开朗。

（3）忍耐不是怯懦。我们要忍耐，才能以尊重赢得他人的尊重，以真诚收获他人的真诚。

# 第05章

# 做人低调，不露锋芒方可进退自如

在西方流传着这样一句话：“尽管星星都有光明，却不敢比太阳更亮。”的确，在我们的现实生活中，人们都喜欢与一些稳重谨慎、收敛锋芒的人相处。因为锋芒毕露的人，往往会给人以浮躁、偏激、年轻气盛和缺乏修养的印象。相反，若是收起锋芒，韬光养晦，则能给自己留下一份回旋的余地。所以，如果你满腹才华，那固然是好事，但在合适的时机运用才华而不被或少被人所妒忌，避免功高盖主，这才是最大的智慧。一个拥有大智慧的人，他从来不会到处炫耀自己的聪明和才华，因为他懂得更好地保护自己，这样的人才是真正有智慧的人。

## 才不外露，学会适度遮盖自己的光芒

俗话说：“枪打出头鸟。”生活中，人内心都有极强的虚荣心，总希望通过表现来吸引别人的注意力。你的炫耀满足了自己内心的虚荣感，可是却让别人的心里极不舒服，对你产生了嫉妒和憎恨。无形之中和你形成了对抗之势，当争强好胜的人越来越多的时候，你的麻烦也随着便会增大。这就是为什么许多人宁愿做“天下第二”，也不做“天下第一”的缘故。

李华是一家软件公司的编程人员，他思维开放，口才好，而且非常的聪明，不管是老板还是同事都非常欣赏他。一有重要的事情，老板总是让他去做，他也从来不谦让，他觉得自己能力出众，理应得到重用。

李华不但一个人独自垄断了老板下派的所有任务，还经常去抢下派给别人的工作，他总是说：“这个活太难了，还是我来做吧，你做我不放心。”一次两次，大家都觉得没什么，可是时间久了，李华便引起了同事们的强烈不满。

渐渐地，同事们再也不愿意和他说话了。但是，李华觉得他并没有做错，谁让他们没本事呢？没过多久，部门主管辞职了，公司高层决定采用民主投票的方式让员工选择自己的领导。李华觉得这个主管的职位非他莫属，因为在全公司，属他的学历最高，能力最强，甚至起着顶梁柱的作用。

但是，最后的投票结果却让李华大失所望，除了自己给自己投的一票外，其余的同事没有一个给他投票的。

新上任的主管把李华肩上的重任给完全卸了下来，总是让他去做一些鸡毛蒜皮的小事。至此，李华总算明白了过来。一个人能力再强，如果不会处理人际关系，终会自绝后路。但是，为时已晚，李华不得不委屈地离开了。

故事里的李华非常有才华、有能力，但是他不懂得顾及别人的感受，一味地恃才逞能，让他的内心得到了极大的满足，但是别人的内心却遭受了严重的羞辱和摧残，他过于强势，让同事们感觉到自卑和反感。所以即使你才华横溢，也要适当收敛一些，不要到处张扬炫耀，要给别人一个展示才华的机会。如果你是才能出众的人，要学会有意无意地卖点“傻”，把自己的光芒遮盖起来。每个人都希望有个自己的舞台，不要轻易剥夺别人的这个权利。那么究竟如何才能遮盖自己的光芒呢？

1. 要适当地向弱者请教

通常，在与人相处当中，你可能是最优秀的那个，那么，要想融入集体的圈子，你就要适当示弱，让别人觉得自己和你是同类人，否则你表现得太优秀，鹤立鸡群，就会被别人排挤和挤兑。因此，不妨适当故意犯一些常见的错误，然后向不如你的同事和朋友请教，让他们也做一把老师。这样，你就可以巧妙地把自己隐藏起来了。

2. 不要轻易去高谈阔论

常常很多人觉得自己很了不起，在人多的时候，总是喜欢吹嘘自己，吸引别人的眼球。殊不知你这样做将会引起周围人心理的严重的不平衡。因为是人都有爱攀比的毛病，你的优秀和对方的拙劣比较起来，会形成巨大的反差，这时候别人认为自己表现差，而你则是在羞辱他，让他难堪，所以让你为难也是难免的事情。

3. 把机会适当让给别人

很多时候，机遇是挑战，也是证明一个人的机会。你需要机遇来证明你自己，别人也需要机遇来证明自己。即使你再优秀，也要适当把机遇让给别人，让对方满足内心的自我肯定。如果像故事里的李华，总是垄断着机遇，不给别人表现的机会。即使他真的很优秀，别人一样会排挤他，打压他。要想遮盖自己的光芒，不做冤大头，那么就要适当地把机会让出去。

4. 得意的时候少提自己

很多时候，我们取得了成就，或者是得到了别人的肯定和认可，想让尽可能多的人知道，好像知道的人越多，自己越自豪。可是你在得意的时候，保不准身边的哪个谁正在郁闷中呢。这样，你的得意和对方的失意形成了明显的对比。别人就会觉得你是故意在嘲笑和讽刺他，从而与你为敌，尽管你并没有这个意思。

## 志向远大，也要低调前行

有些人，不管做什么事情，都会大张旗鼓，生怕别人不知道。事情还没有做呢，早已经传得沸沸扬扬。实际上这是一种非常愚蠢的做法。别人知道了你在做某一件事情，如果你做好了，当然得到大家的赞扬，如果你做不好呢？也许就会被人羞辱和耻笑，别人的冷嘲热讽会像雪花般的飘过来，弄不好甚至会成为别人茶余饭后的谈资。如果有人和你存在着利益竞争，自然会给你不断的设置障碍，增加做事的难度，最后把你挤出利益纷争的圈子。

## 见好就收，激流勇退是大智慧

生活中，有些人总是被欲望所俘获，觉得自己取得了一定的成就，就应该加把劲取得更大的成就。可是人的一生跌宕起伏，在你爬上人生的顶峰之后要见好就收，要懂得激流勇退，这样才能全身而退，否则迎接你的便是人生的低谷，弄不好还会让你身败名裂，赔上身家性命。当你达到人生的巅峰之时，就应该已经预见到了将来的生存危机，这时候不妨作个有先见之明的人，在恰当的时候选择毫不犹豫地“激流勇退”。

战国时期，现在的江浙一带是两个小国家，他们分别是吴国和越国。双方实力此起彼伏，不断进行战争。后来，吴国变得强大，吴王夫差打败了越王勾践。勾践被迫称臣，当时越国的名将范蠡跟随勾践做了两年的俘虏。后来勾践卧薪尝胆、装疯卖傻终于取得了夫差的信任，回到了越国。归国后，范蠡辅佐勾践，大力发展生产，国力不断增强，最终一举消灭了吴国，成为了南方的霸主。

灭了吴国之后，勾践的威名大振，周朝天子赐了他臣子的礼服，把他封为东方诸侯的领袖。勾践在王宫里大摆酒席，在宴席上，范蠡感觉到越王勾践的心思。当天晚上范蠡便悄悄出城，带着西施驾着小船迅速逃走了。

勾践得到消息后，勃然大怒，立即派了大队人马去追赶，但是此时的范蠡早已经跑得无影无踪了。第二天，范蠡的好友文种意外的接到了一封来信，在信中，范蠡劝他赶紧逃命。可是文种却不以为然，并且笑话范蠡太多虑了。

很快，范蠡的话得到了应验。勾践还是对功臣下手了。这时候文种才意识到问题的严重性，可是为时已晚。这天，勾践来到了文种的住处，对他进行羞辱和嘲讽，临走的时候还赐给了他佩剑要他自刎。

范蠡移居齐国后，改名换姓，与儿子共同经商，很快成为了富甲一方的大富翁。范蠡深知荣耀太长、太久了会成为祸害的根源。于是他将自己赚得的财产分给他人，离开了齐国。

故事中的范蠡在辅佐勾践报仇雪恨，成为了霸主之后，识时务地激流勇退，保住了自己的性命，而他的好朋友文种却没有看透这一点，最终惨遭毒手。要明白“鸟尽弓藏，兔死狗烹”的道理，在功成名就之后，要迅速地选择隐退，避免成为别人的眼中钉、肉中刺。那么，要如何才能做到激流勇退呢？

1. 要懂得人生中的知足常乐

人的一生，如同一个个起伏不定的峰，当你费劲辛苦爬到峰顶的时候，接下来迎接你的就是跌入峰谷。所以，当你爬到最高点的时候，一定要知足常乐，见好就收。千万不要被无穷无尽的欲望所俘虏，最终因为你的功高震主会给你带来意想不到的灾难。故事中的文种就是很好的例子。

2. 千万不要贪念自己的功劳

很多时候，人在付出了大量的艰辛取得成就之后，就舍不得放弃到手的荣华富贵。殊不知就是因为你的功劳给你带来了灾难。因此，你一定要明白，你已经取得了一定的成就，那就证明了你自己，这已经足够了，千万不要再去贪念你的功劳，否则你的祸害也就随之而降临了。

3. 时刻分析自己的价值所在

俗话说：鸟尽弓藏，兔死狗烹。之所以这样是因为他们失去了存在的价值。同样，作为人也要时常考虑自己的价值。如果你对于别人的价值是大的，那么说明你是安全的，因为别人还需要你。当你觉得自己存在已经是多余的时候，就要迅速地做出决定，及时地消失，免得碍别人的眼，被人下毒手。在古代的战场上是这样的，在现在的商场上也是这样的。

4. 要察言观色把握隐退时机

很多时候，你之所以要激流勇退，是因为你威胁到了别人的安全。那么，要想让自己安全，就要先让别人感到安心。所以，平日里一定要学会察言观色，一旦觉得自己威胁到了别人的安全，那么说明你已经不安全了。除非你解除对别人的威胁，否则，就要迅速地做出决定，抓紧时间隐退。

## 韬光养晦，保存实力

在中国古代做人的艺术中，“大智若愚”常被演变为一套内容极其丰富的韬光养晦之术，真正聪明的人有才不外露，而是伺机而动、厚积薄发。新时代的人们，更不要忽视这条做人的道理，尤其是当自己还羽翼未丰时，更要懂得韬光养晦术，这是保存实力、积蓄力量的重要的手段，即使有大智慧、大志向也不必要昭告世人，暴露实力会让你成为别人进攻的“靶子”，隐晦才能帮你引开那些敌对的目光。

我们对华为这个名字已经耳熟能详，但对于其总裁任正非，我们知之甚少，因为他很少与公众见面，把大部分的时间花在了事业上。1998年，华为以80多亿元的年营业额，雄踞当时声名显赫的国产通信设备四巨头之首，发展势头正猛。而任正非不但没有从此加入到明星企业家的行列中，反而对各种采访、会议、评选唯恐避之不及，直接有利于华为形象宣传的活动甚至政府的活动也一概坚拒，并给华为高层下了死命令：除非重要客户或合作伙伴，其他活动一律免谈，谁来游说我就撤谁的职！整个华为由此上行下效，全体以近乎本能的封闭和防御姿态面对外界。

2002年的北京国际电信展上，华为总裁任正非正在公司展台前接待客户。一位上了年纪的男子走过来问他：华为总裁任正非有没有来？任正非问："你找他有事吗？"那人回答："也没什么事，就是想见见这位能带领华为走到今天的传奇人物究竟是个什么样子。"任正非说："实在不凑巧，他今天没有过来，但我一定会把你的话转达给他。"

华为是一家有实力的公司，任正非本人也可以说已成为通信行业的巨头，但就在这样的情况下，他依然谨遵低调的作风，正是因为这样，才使得他有更多的时间和精力来打理公司，每年花大量时间游历全球，在各个发达市场与发展中市场上寻觅机会，在通信设备国际列强间合纵连横，寻觅可用的力量与资源，运用智慧带领着华为再创辉煌。

人生多舛，世事艰难。人生少不了逆境，少不了坎坷，少不了挫折。顺境常常是过去艰苦耕耘收获的结果，逆境也正是日后峰回路转、否极泰来的前奏。因此，要想取得成功，就得突破人生的逆境，忍受人生的挫折，走过人生的坎坷。

总之，任何人即使才高八斗，但不懂得收敛自己，过分地张扬和显示自己的才华，都难免会遭到明枪暗箭的打击。只有不争强好胜，静观其变，在暗中积极准备，这比积极地表现自己更能保护自己，能避免更多不可预知的风险！

## 低调前行，积累实力

一个人成熟之后就会特别低调，只有那些幼稚的人才会到处吹嘘炫耀自己，处处张扬，要知道饱满的麦穗都是低着头的，那些仰面朝天的麦穗不是不成熟，就是秕子。

年轻人喜欢“指点江山”的激昂、喜欢刚烈血性、喜欢率直而为。尤其在这个繁华的时代，人们对于成功总有着一种急切的渴望，这种急切表现出来就是喜欢高调做事，对自己还没有把握的事就急于表现一番。这样做事固然有好处，就是在你对自己还不确定之前就把别人的目光集中到了你的身上。获得了人们的支持，一个人自然容易成功。但是也有坏处，坏处就是你容易对自己期待过高，总是急于表现自己而错失了积累自己的过程，把别人的目光都聚集来了，暴露的却是自己的肤浅无知，最终得到的却是失败和人们对你的不信任。

年轻人想要成就大业就不能急于求成，一定要让自己低调，低调代表着成熟和理性，代表着你知道自己掌握了多少，对自己的行为和思想都有自信。对自己有信心的人才会低调，要知道那些总是“狂吠”的小狗都是因为心虚，“狂吠”的意图就是虚张声势、震慑别人，提醒别人不要靠近自己，提醒别人这里是由我保护的；而那些有实力的大狗，轻易不会没完没了的“吠叫”，因为他们知道，自己有能力保护主人的财产不受侵犯，只要别人有侵犯的意图，就能在他们有举动之前把他们一网成擒，所以他们不屑于“狂吠”。

所以人们更愿意信任那些平日比较沉默、总是三思而后行、答应别人一定遵守诺言的“谨言慎行者”，而不信任那些夸夸其谈的人。低调也是一种成功的策略，稳重的人说话轻易不把话说满，总是三思而后言，不理会别人的妄言。因此他们在别人的眼里总是成熟稳重的，给人以安全可靠的感觉，这样的人注定被大多数人信任和依靠，被领导欣赏器重，“君子不重而不威”就是这个意思。这样的人在社会上当然更容易成功，表现自己是一种策略，它引起人们对你能力的注意，低调做人也是一种策略，他让更多的人相信你，尊重你。

同时，低调也有利于积累自己，人在得意的时候就容易忘形，忘了积累与反省自我。高调的人总是忙于表现自我而疏于自我积累，这样自己好不容易积累起来的成就也会因为“疏于学，疏于练”而荒废。

在这一点上，钱鐘书先生处理得最为得当，当有人读了钱先生的书，希望能够见到他本人的时候，钱先生并没有炫耀，吹嘘一番，而是告诉别人“吃个鸡蛋味道不错，大可不必非要认识下蛋的鸡妈妈！”年轻人一定不要忘记“业精于勤，荒于嬉；行成于思，毁于随”时时刻刻都要记得不要荒废了自己的本业，一定要重视积累，成功是“水到渠成”的。

低调的人更平易近人，不会傲慢，当然也不会刻意讨好别人，这样的人就像邻家大哥哥大姐姐一样善解人意，而又和和气气，不以自我为中心，最容易聚人气、收人心。他们本身有自知之明，善于听取批评，也能够自嘲，懂得感恩，懂得像平凡人一样生活和学习，不骄不躁，在人群中总是有着很好的人缘，他们没有架子，也不会招来嫉妒和愤恨，因此总是有着很好的人气，有着很深的影响力。

爱因斯坦就从不摆名人的架子。他吃东西非常随便，外出时常坐二三等车，推导和演算公式常利用信纸的背面。爱因斯坦初到纽约时，不修边幅，熟人总是劝他注意自己的形象，他却十分坦然地说："这又何必呢？反正，在纽约没有一个人认识我。"过了几年之后，爱因斯坦已成了无人不晓的大名人，这位熟人又遇到了爱因斯坦，发现他还是那么不修边幅，于是又规劝他。谁知爱因斯坦却说："这又何必呢？反正在纽约，大家都认识我。"

但是这并没有影响爱因斯坦在人们心目中的形象，大家反而更加喜欢这位亲切不羁的科学家。可见低调是最受欢迎的特质，一个人想要让人们认同你，就要把自己的姿态放低，就算是块好玉，也要慢慢透出自己温润的光芒，不能灼伤别人的眼睛。

年轻人一定要学会低调处世，这样才能把所有的精力都放在积累自我，做好手边的工作上，不急于功成名就，不急于表现自己。这样既能够专心于自己的业务，不受他人打扰，又能够避免别人的敌对情绪，你自然很快就会丰厚起来，终有一天会实至名归。

# 第 06 章

# 控制好情绪，处理好心情再去做事情

我们穷其一生，大概都在追求快乐。然而，没有人生来就是快乐的，也没有永远是快乐的，我们的心情会因为周遭发生的事而受到影响，进而产生了情绪，负面情绪谁都无法避免，但一个人，只有善于管理情绪，才能掌控自己的人生。心理学家称，我们的意识决定了我们的行为、心态和语言等，而我们是可以决定自己的潜意识的，关键就是要控制你的思想。所以，你有什么样的情绪，要变成一个怎样的人，都是由于你的思想决定的，我们每个人都要学会情绪调节，只有选择积极的思维方式，才会带来好心情，才会获得快乐。

## 被情绪冲昏头脑的你，只会让难题越来越糟

现实生活中，每个人都难免产生负面情绪。诸如悲伤、怨恨、愤怒、恐惧等情绪，都会给人带来不愉快的感受，都属于负面情绪。尤其是在遭遇不如意或者是意外的时候，我们很容易就会陷入负面情绪之中，导致身心健康受到影响，也使我们的生活和工作都变得不愉快。普通的负面情绪尚且还好，倘若人们因为沉重的打击或者突然的变故，导致情绪变得越来越激动急躁，最终陷入歇斯底里之中，则一定会使我们的生活更加糟糕，也会使一切都变得无法面对和从容应对。

曾经有心理学家经过研究证实，人们愤怒的情绪会使人体产生毒素。当然，自古以来被气死的人时常能够见到，他们虽然未必是因为愤怒导致产生的毒素毒死的，但是他们的死亡与因为激动不安导致的身体应激反应之间有着必然的联系。假如人总是陷入负面情绪之中无法自控，就会导致生活和工作都失去秩序，最终人们也会因此变得更加疯狂和

焦躁。

和少数人波澜不惊相比，有极少部分的人情绪很容易大起大落，也许前一分钟还非常高兴，后一分钟就会因为不值一提的小事情导致情绪突然变化。人们常常用“三月的天小孩的脸”来形容天气，殊不知人的情绪更加复杂多变，无法捉摸。然而，生活不会一帆风顺。人们常常因为某些事情导致情绪变化，需要注意的是，为了自己的身体健康，也为了与他人更加和谐友好地相处，我们必须调整好自己的心态，努力控制自己的情绪，才能避免成为情绪的奴隶，导致自身歇斯底里。

要知道，良好的情绪和愉悦的心情也许对于我们解决难题有益，但是紧张恶劣的情绪和糟糕的心情，只会使事情越来越糟糕。更有心理学家曾说，愤怒会降低人的智商。在这种情况下，我们与其白白浪费时间去愤怒，不如心平气和、积极地想办法解决问题。三国时期，汉寿亭侯关羽是个骁勇善战的英雄，不但过五关、斩六将，而且单刀赴会，水淹七军，表现出气镇山河的英雄气概。然而他的性格却很偏激，这直接导致他人缘欠佳，在深陷绝境的时候孤立无援，因而最终衰败，结束了英雄的一生。现代社会，虽然没有人会重复关羽的命运，但是有很多人都和关羽一样因为一遇到事情就会意气用事，歇斯底里，导致无法客观全面地看待问题，也无法冷静理智地解决问题，最终，孤立无援，众叛亲离。

从心理学的角度来说，假如在性格和情绪上过于偏激，就是一种心理性的疾病。大多数这样的人都孤陋寡闻，缺乏开放的意识和心态，因而更加主观武断。在这种情况下，要想缓解心理症状，就必须充实自己的知识，也增强社会经验，以宽容豁达的心态融入社会。唯有如此，才能避免“一叶障目，不见泰山”的偏激。

尤其是现代社会，很多人都承受着巨大的生活和生存压力，这也直接导致很多恶性事件的发生。就在几天前，河北石家庄的一位年仅29岁的母亲，从十一层楼扔下年仅4岁的女儿，随后自己也跳楼，母女双双死亡。到底是怎样的压力冲动，才让这个母亲带着最心爱的孩子走上了不归路？其中的隐情无人知晓，但是这份死亡承载着的伤痛却被所有人看在眼睛里。最终的结果却是，亲者痛、仇者快，使人不胜感慨唏嘘。

辩证唯物主义的观点告诉我们，任何事情都有两面性，我们必须学会冷静客观地分析问题，看到事情的正面与反面，才能更加清醒理智地接纳问题，让自己保持冷静的情绪，想方设法地解决问题。

（1）如果一个人在与人相处的时候，总是先入为主地把他人想得太坏，对他人带有偏见，不管他人怎么做怎么说，都根本无法赢得这个人的好感，随之而来的是，这个人也必然陷入对他人的恶意揣测之中，导致自己也痛苦不堪。

（2）众所周知，相互尊重是人们交往的基础，在与他人交往时，我们一定要有礼貌，这样才能与他人建立友善的关系。

（3）生活中，有很多食物都有舒缓压力的作用。除了从心理上控制情绪之外，我们还可以适当食用能够控制压力的食物，这样一来，我们自然能够心情愉悦，心平气和。

## 保持理智，才能掌控自己的负面情绪

现实生活中，人们常常会以“不要感情用事”的话来劝说那些冲动的人。然而，这句话虽然说起来容易，对于当事人而言做起来却很难。尤其是对于那些情绪激动的当事人，更是很难做到不感情用事。归根结底，人就是感情动物。

举个最简单的例子，两个人在一起谈恋爱，在古代社会是父母之命、媒妁之言，年轻人根本不能为自己做主，也没有权利决定自己的人生和命运。随着时代的发展，到了现代社会，恋爱婚姻完全自由，年轻人对待爱情的态度也更加真实随性。正是这份自由，使得他们也变得更加冲动。如果说曾经的包办婚姻能够过一辈子，那么现在的自由恋爱则更加崇尚感觉，感觉不对了，理智就会马上彻底消失，离婚也就是分分钟的事情。这样一来，直接导致现代社会的离婚率节节攀升。其实，爱情总是如同烈焰，看似绚烂，保持的时间却短暂。那些所谓天长地久的爱情，都是需要婚姻双方彼此包容，用心维护的。如果仅凭冲动，任何夫妻都要离婚若干次。归根结底，原本两个完全陌生的人突然间亲密无间地生活在一起，摩擦是不可避免的，各种矛盾和纠纷也是情理之中的，想要长久走下去就看如何处理矛盾与纠纷。

当然，除了复杂而又微妙的感情之外，生活和工作中，任何事情都需要我们保持理智地对待，这样我们才能最大限度地远离负面情绪，也才能获得最美好的未来。诸如在工作中，很多年轻人对于工作稍微感到不满意，就会选择辞职跳槽，不管哪个公司里也不可能都是你喜欢和欣赏的人。人作为群居动物，在一起生活，在一起工作，难免产生不和谐的音符，最重要的是彼此包容。在你感到别人的缺点因为无法容忍时，你也应该想到，或许别人也正在因为你的缺点感到无法容忍呢！但是别人却忍到忍无可忍也依然继续忍下去，你为何不能呢？人生短暂，在职场上最好的打拼年龄段里，假如我们不停地辞职、跳槽，最终只会虎头蛇尾，一事无成。

毋庸置疑，做事情需要七分的理性，做人也只是需要三分的感性。我们可以投入感情做人做事，但是更要以理智保证事情的圆满。现代社会大家都承受着巨大的生存压力，难免情绪暴躁，反复无常，在这种情况下，我们更要从容地面对人生，才能理智地规划人生，实现人生的梦想。

现代社会发展迅速，人们对于生活的追求也越来越高。然而，大多数人都被物质的欲望裹挟着，根本没有想到物欲最终会带来人生的毁灭。人们不停地追求豪宅、名车，追求功成名就，直到恶疾缠身，才意识到一切金钱权势都是身外之物，唯有拥有健康的身体和健全的心灵，我们才能真正地拥抱人生，享受人生。

随着社会生活节奏的加快，越来越多的人变得更加浮躁，也更容易感情用事。毋庸置疑，感情用事是个贬义词，通常一个人只有失去理智，才会得到别人这样的评价。当然，要想在短时间内就改变感情用事的坏习惯，也是不容易的。正如柏拉图所说，理性才是灵魂中最高贵的。因此，我们每时每刻都要保持理智，才能彰显我们高贵的灵魂。

（1）时刻保持理智，避免因为一时冲动做出让自己懊悔的事情，世界上没有卖后悔药的，很多说出去的话如同泼出去的水，很多做完的事情就成为不可更改的历史，所以做人做事应该三思而后行。

（2）在愤怒的时候，切勿火上浇油。在人际交往中，我们面对愤怒的对方，与其点燃对方心中的愤怒火焰，不如努力控制自己，让怒气渐渐平息，从而使对方也慢慢恢复理智。如果不知道说些什么，适当沉默也是好的。

（3）做人应该常怀宽容之心。睚眦必报的人很难有好人缘，所谓水至清则无鱼，人至察则无朋。过于细心的人总是眼睛里揉不得沙子，远远不如难得糊涂来得好。

## 自私高傲，走到哪里都很难受欢迎

生活中，对于那些清高孤傲的人，人们总是敬而远之，因为觉得他们的性格孤傲，总是对人爱答不理的。当然，对于这些人，人们心底里未必是讨厌的，甚至还会非常尊重。因为大多数清高孤傲之人，总是有着自己的独到之处，甚至有着过人的能力。生活中还有一种人，也是人们不愿意与他们打交道的，那就是坏脾气的人。不过，坏脾气和清高孤傲有着本质的不同。坏脾气的概念非常宽泛，大多数时候人们所说的坏脾气既包括不那么和善的性格，也包括很恶劣的脾气。但是，清高孤傲的人绝不是坏脾气的人，他们只是比较高冷而已。

和清高孤傲从字面上有着微妙区别的一种人，那就是自私高傲。自私高傲的人，往往比坏脾气的人更不受欢迎。所谓自私，就是一心一意只想着自己，考虑任何问题都只从自己的角度出发，从不顾忌他人的感受。所谓高傲，就是瞧不起别人，这恰恰伤害了别人的自尊心。因而在社会交往中，自私高傲的人总是人缘很差。如果说坏脾气是先天的性格特点，毕竟江山易改禀性难移，那么自私高傲则是人们后天选择的为人处世的方式。现代社会中，人与人之间的关系更加密切，合作也更加紧密。假如一个人对于任何人都很自私，那么时间长了，他必然是孤家寡人，再也没有人愿意与他们合作。从本质上来说，自私和高傲都是人品问题，是很难得到谅解的。

在社交场合中，高傲的人更加不受欢迎。他们盛气凌人的模样，他们不可一世的劲头，都让人敬而远之。也因为自私，他们很少顾及他人的感受和尊严，因而从感情上人们宁愿接受坏脾气的失控，也不愿意接受理智的自私和高傲。从这个角度而言，坏脾气的人一定要时常进行自我反省，提醒自己努力控制坏脾气，但是要坚决杜绝自私和高傲，否则就会成为彻头彻尾的讨厌鬼，不论走到哪里都不受欢迎。

朋友们，自私与高傲，与坏脾气有着本质的不同，任何时候都不要混淆这两者。聪明的朋友一定知道要受欢迎的秘诀，那就是戒掉骄傲、戒掉自私，真诚友善地融入团队之中。

（1）高傲的人总是给人以拒人于千里之外的感觉。哪怕面冷心热，也要适当改变自己，使自己变得热情大方。

（2）自私是个任何人都难以容忍的坏毛病，哪怕是辛苦抚育你成长的父母，也不会愿意你变得自私自利。归根结底，坏脾气和自私骄傲是完全不同的，我们必须十万火急戒掉自私高傲的坏毛病，才能彻底打开他人的心扉，得到他人的认可。

# 别生闷气，随时随地带给他人好心情

几乎每个人都会面临情绪的波动。有些人选择及时宣泄自己的情绪，从而帮助自己保持愉悦的心情，但是有些人却恰恰相反，他们不愿意把内心的苦楚向别人诉说，把一切痛苦都隐藏在心里，导致心中的郁闷之气越来越多，不但影响自身的心情，也会影响自己的身体健康，更会无形中把这种郁郁寡欢的情绪带给其他人，从而导致人际关系也变得越来越糟糕。

喜欢生闷气的人和那些大大咧咧、对凡事都不计较的人完全不同，他们心思细腻，总是动不动就生气，而且当他们把气愤闷在心里，这种情绪就会不断发酵，导致他们越来越愤怒，最终彻底爆发。和有了闷气及时消除相比，等到气愤达到一定程度如同火山爆发一般发泄出来，后果往往更加严重。其实，细心的朋友会发现，很多人之所以会生闷气，并非因为事情真的使人生气，而只是因为当事者心思狭隘导致的，他们自身的弱点，使得他们一遇到不高兴的事情就在心中形成了迈不过去的坎，从而使一切事情都变得非常糟糕。因而朋友们，我们要想拥有幸福快乐的人生，要想善待自己，就必须学会调整自己的心态，让自己变得更加积极乐观，而不要让自己生那些无所谓的闲气和闷气。

古人曾经说过，人生百病，就是因为气结于心。正所谓气大伤肝，忧虑伤肺，生闷气的人不但感到愤怒，而且还会导致身体健康受到极大影响，严重的还会导致身体内分泌失调。诸如很多身患严重胃溃疡的人，就是因为长期生气导致的。在现代社会，生活节奏越来越快，生活压力越来越大，很多人都终日奔波，导致压力倍增，肠胃不好的人越来越多，这一则是因为饮食不规律，此外也是因为精神压力过大、忧思过重导致的。此外，长期郁郁寡欢，还会导致心脏失常，血压升高，也会导致思维越来越迟钝。试想，对于这样一个身体病恹恹的且浑身充满负能量的人，谁又能愿意与其交往呢！因此，朋友们，要想拥有好身体、好心情和好人缘，我们必须学会善待自己，千万不要把气闷在心里。

买了房子，原本是应该高兴的事情，但是刘欣却感受到了巨大的压力，每天都愁眉不展的。原来，刘欣是贷款买房的，每个月都要承担七八千元的月供，这是她老公的工资金额。这样一来，养家糊口的重任自然落到刘欣的身上，想到自己至少要保证六千元以上的收入，才能养育孩子，承担起家庭开销，从事销售工作的刘欣就觉得压力山大。在对待客户的时候，她因为急于成交，也变得急功近利，无法心平气和地等待客户自己做出决定。结果，心急如焚的她非但没有在工作上有更好的表现，反而因为急躁得罪了客户，导致业绩直线下降。

如此半年之后，刘欣突然觉得左腹部疼痛，因而去医院检查身体，发现居然有卵巢囊肿。因为卵巢囊肿没有达到手术指标，所以医生要求刘欣进行保守治疗，并且建议她看看中医调理身体。在见到老中医之后，刘欣说了自己的情况，出乎她的预料是，老中医并没有过多地询问她的病情，而是询问她的生活情况。在得知刘欣因为买房感到无比焦虑之后，老中医说："我建议你要放宽心态。买房是高兴的事情啊，有多少人想成为房奴都没资格呢！而且，你们也预留了一部分应急的钱，这样也不至于因为短期收入波动导致中断还月供。所以，你一定要积极乐观，这样你的病也就会不治而愈了。"刘欣不明白老中医的话，疑惑地问："我的卵巢囊肿和买房有关系吗？"老中医笑了，说："和你买房原本是没有关系的，但是和你的心情却息息相关。你只有保持情绪愉悦，你的气才不会郁结于心。其实很多人体疾病，尤其是女性疾病，都和情绪有关。诸如卵巢囊肿，诸如有些女性的乳腺小叶增生，都与压力、紧张焦虑的情绪密切相关。"医生的话使刘欣恍然大悟。才刚刚还了半年月供，房子还没住上呢，如果自己有个三长两短，那么丈夫一个人可承担不起。所以，她决定要开开心心地生活。

很多情况下，人体的一些慢性疾病与情绪都是密切相关的，尤其是当一直生闷气、承受巨大压力时，身体更会发生不易觉察的变化。所以朋友们，当你们感受到自己的心里如同压上了一块沉重的大石头时，一定要引起注意，千万不要任由自己郁闷下去。越是生气，你心里的石头就会变得越沉重。外界的力量无法帮助我们消除这样的压抑感，唯有我们自己改变心态，让自己变得积极乐观起来，我们才能获得轻松和快乐。

在现代社会，如果不想把自己的私人事情或者郁闷焦虑告诉身边的人，也有很多心理门诊能够为我们提供宣泄的渠道。心理医生是专业的，能够更好地帮助我们解开心结，疏通心中的闷气，从而也使我们的人生豁然开朗。

（1）不管什么时候，都不要生闷气。如果太生气了，可以爆发出来，虽然这样也许会导致糟糕的结果，但是也比把自己闷出病好得多。

（2）当然，宣泄和爆发也要区分时间和场合，在很多时候，我们只能选择忍耐，尤其是在发泄的结果是我们无法承担的情况。

（3）生闷气无异于自己与自己较劲，生活中有很多聪明人从来不生闷气，他们会调整好自己的心态，努力帮助自己恢复最佳的状态。

（4）当你时刻保持好心情，你的人生也会变得阳光灿烂。

## 坏情绪，只会让他人远离你

作为孩子，如果你的父母之中有一个人是坏脾气，或者你的父母全都是坏脾气，那么你的童年一定不会阳光明媚，因为你的父母总是如同不定时炸弹一样随时爆发坏脾气，使年幼胆小的你始终心惊胆战，无法享受无忧无虑的童年。但是，人的投胎是无法选择的，这就意味着我们只能接受父母，而无法选择父母。对于坏脾气的父母，孩子除了默默忍受之外，几乎毫无办法。与此恰恰相反，假如你作为父母，拥有一个坏脾气的孩子，那么你除了为孩子未来的人生会受到坏脾气的负面影响担心之外，还可以循序渐进地改变孩子的坏脾气，在孩子成长的过程中，教会孩子忍耐，教会孩子在任何情况下保持冷静和理智，也教会孩子从正面解决问题。

很多恋爱中的情侣原本感情很好，甚至包括很多夫妻，在深入相处之后，才发现对方是个坏脾气，因而最终导致彼此分道扬镳。的确，虽然坏脾气并不是人品问题，也不是人们刻意为之，只是偶尔地无法控制自己的情绪和怒气，导致做出过激的举动，但是坏脾气的确是很难容忍的。如果说父母与孩子之间只能彼此容忍对方坏脾气，那么除了父母与子女之外，其他任何人际关系都无需忍耐他人的坏脾气。尤其是在现代社会婚恋自由，哪怕是已经结婚很长时间的夫妻，也完全有可能因为对方的坏脾气决定放弃对方，重新开始崭新的人生。

有些从小“穿一条裤子”的好朋友，说是铁哥们、骨灰级闺密，在遇到对方发脾气的时候，也会恨不得逃之夭夭。所以请记住，这个世界上除了父母子女，没有谁是必须容忍谁的。即使是父母子女之间，在子女长大成人之后，如果无法好好相处，也同样可以老死不相往来。对于一个坏脾气的人而言，如果好朋友都离开了他，亲人也对他敬而远之，他还能拥有好人缘吗？答案是否定的。退一万步说，即使一个人是个地地道道的好人，但是却脾气暴躁、性格恶劣，那么相信也不会有人愿意与他这个好人为伍。这样一来，坏脾气的好人当然也就失去了好人缘。

认识老宋的人都说老宋是好人，尤其是那些和老宋在一个厂子里共事了一辈子的老同事，都说老宋心眼实在，很老实本分。然而，他们尽管给予老宋这么高的评价，却不愿意与老宋走得太近，归根结底，都因为老宋这个好人脾气坏，而且像个不定时炸弹一样随时都会爆炸。作为老宋的妻子，老李这些年也忍得够多的了。有的时候，他们作为夫妻正在好好地聊天呢，老宋就像变脸一样，不知道因为老李哪句话说得不合他的心意，马上就对老李横眉冷对，而且对老李厉声呵斥。对此，老李说："刚结婚的时候，我不知道他的坏脾气，每次好好说着话他突然翻脸，我都委屈得想哭，也觉得很丢脸。现在都忍了大半辈子了，也知道他就是这样的人，我就不搭理他，随他发神经，过会儿他自己就好了。"然而，作为夫妻，老李的忍耐已经到达了极限，作为普通同事和朋友，大家都受不了老宋的坏脾气，因而老宋渐渐地就成为了独行侠，大家都知道他是好人，却都不愿意接近他。

好人老宋就这样因为坏脾气失去了好人缘，幸好同事们没有因为他的坏脾气迁怒于他，更没有因此诋毁他，而是能够公平地评价他，这对于他已经是不幸中的万幸了。人与人之间，在相处的时候关系更是复杂多变，因而要想处理好人际关系，必须更加细腻地考虑到方方面面，才能把人际关系处理到最好。

在这个世界上，做任何事情并非只有好心就行，还要讲究方式方法，就算说话，也要讲究态度，才能把话说好，处理圆满。尤其是在现代社会，耿直的性格和直截了当地说话方式已经不能适应复杂的人际环境，唯有处世圆滑，把话说得恰到好处，也把话说到他人心里去，才能拥有好人缘。

（1）一个人就算真的很好心，但是说出去的话却像石头一样硬邦邦的，或者像利剑一样直接刺向他人的心，那么也无法取得预期的良好效果，无形之中还会得罪人。

（2）在这个世界上，除了父母，没有人有义务容忍你的坏脾气，因而不要以脾气不好作为借口掩饰自己的不当言行。就算是对父母，当他们辛苦一辈子抚育子女长大，得到的也不应该是子女肆无忌惮地发作坏脾气。

（3）做任何事情都要讲究方式方法，尤其是在职场上，每个人都要与同事搞好关系才会有利于工作的开展，这就更加要求我们与同事和谐相处，杜绝坏脾气。

# 跳出来，站在高处品味和感悟生活

很多人都知道这句脍炙人口的诗句——“横看成岭侧成峰，远近高低各不同。不识庐山真面目，只缘身在此山中”。这首诗是北宋著名诗人苏轼写的，本意是表现人因为在庐山之中，导致无法辨识清楚庐山的真面目，所以被庐山遮挡住视野。现代社会人们使用这句话表现人因为视野局限，导致以偏概全。的确如此，不仅仅游山玩水的时候，人会因为视野受限导致不能看到景色的全貌，在观察世间的人和事情的时候，人同样会因为视野受到阻碍，导致无法对人和事形成一个全面的认识。从根本上来说，我们要想对人和事物有更加清醒全面的认识，就要超越自己的能力局限，超越自身，从而才能更加和谐统一。唯有如此，我们才能认清楚事情的全貌，也洞察事情的本质，摆脱生活中的烦恼。

生活中，每个人都有很多欲望，唯有跳脱出世，我们才能摆脱这些坏情绪，从而使自己更加心思豁达。生活就像是一颗话梅糖，虽然外表又酸又涩，但是其本质却是甜蜜的。我们唯有感受完酸涩，才能尝到内心的甜蜜幸福，从而更好地用心品味生活的甘甜。假如我们被生活困扰，被那些负面情绪裹挟着，导致远离幸福和快乐，那么我们就会心绪不宁，我们的双眼也会被蒙蔽，我们只能看到眼前很少的事物，而忽视生活的美好，不得不整日抱怨，如同怨妇一般，甚至成为人人都避之不及的祥林嫂。实际上，这并非我们梦寐以求的生活，我们必须跳出生活的怪圈，站在高处俯瞰生活，洞察生活的全景，才能更好品味生活，享受生活。

一直以来，小娜都很羡慕丝丝找了个有钱的老公。在所有朋友中，丝丝老公不但英俊潇洒，而且事业有成。看着丝丝出入大别墅，而且穿金戴银的，闺密们都很羡慕。尤其是小娜，更是为此很不平衡。她常常想：想当初在学校的时候，我可比丝丝优秀多了，但是没想到丝丝居然这么好命，成为了富太太。

一次，几个闺密聚餐，大家都有些喝多了。小娜羡慕妒忌地对丝丝说："丝丝，咱们几个人里，就数你命最好。你看看吧，你住着大别墅，出入都坐豪车，吃穿不愁，哪里像我们呀，老公无能，家里捉襟见肘的，这辈子也富不起来了。今天，必须你请客。"丝丝不以为然地说："我请客就我请客，反正我要钱也没什么用。"听到丝丝的话，小娜心里更加不平衡了，说："你这家伙，故意气我们是吧。要是钱多得真花不完了，就告诉我，我来帮你花。你不知道我们都多么羡慕你啊！"丝丝这时候有些落寞地说："我不知道你们多么羡慕我，你们也不知道我有多么羡慕你们。虽然我老公看起来年轻英俊潇洒，而且事业有成，但是你们也要知道，像这样的钻石王老五，面对着多少诱惑。就算不说他花心，单单就是那些女孩硬追我老公，就足够他应付了。而且，因为有应酬，他一个星期里甚至没有一天是在家里吃晚饭的，我就守着空荡荡的别墅，幸好还有个孩子，不然我还剩下什么呢？我倒是愿意住小房子，每天一家三口其乐融融，打打闹闹，这样反而更像过日子呢。就说你吧，小娜，你老公虽然是老师，很难有大的发展，但是也算衣食无忧吧，而且，你天天吃你老公亲手做的饭菜，不知道有多么幸福呢！”听了丝丝的话，小娜恍然大悟。原来，她们羡慕小娜衣食无忧，小娜却羡慕他们一家人和和美美，其乐融融呢！

人总是对自己的生活不满意，而又这山看着那山高，总觉得他人的生活都比自己得好。殊不知很多时候，我们在羡慕他人，他人也在羡慕我们。任何情况下，我们都不能贪心不足，而要知足常乐，对自己的生活感到满意，我们才能得到更多的幸福快乐。

（1）当我们在生活中因为一些鸡毛蒜皮的小事烦恼不已时，不妨想一想什么才是真正的幸福，什么才是我们想要的生活。

（2）生活是永远不会十全十美的，我们不能因为生活的瑕疵一叶障目，而要更加用心地感受生活的希望和美好。要知道，幸福是需要用心感受的。

（3）生活那么美好，我们必须拥有发现美好和感受幸福的心灵，不要因为生活的小小不如意便否定生活。

# 第07章

# 朋友并非越多越好，结交真朋友

人脉对于现代社会中的每个人的重要性早已毋庸置疑，有人曾说：“有人脉，成功就像坐电梯；没人脉，成功就像爬楼梯。”这的确是每一个聪明的人都应该明白的道理。然而，积累人脉、结交朋友也并不是毫无策略的，也并不是认识越多的人就越有效，因此，我们若想成为一个富有的人，想让自己的事业经营得更大，就一定还要懂得结交真正的朋友，远离那些是非小人，只有这样，才能净化你的朋友圈，才真正有助于你的工作和事业进步。

# 什么是真正的友谊

人生在世，谁都有几个朋友在关键时刻为我们伸出援助的手，但我们很多时候却不明白朋友的真正定义，也不明白谁才是我们真正的朋友？毕竟现代社会，人际交往中，人都是带着面具的。你要记住，朋友是在你走向黑暗的时候，为你点亮明灯的那个人。朋友是不会因为你现在处于困难时期，就离你远去的人，朋友是不会因为你处在人生低谷的时刻就抛弃你的人，真正的朋友不会人云亦云，不会在你受伤的伤口上再洒上一把盐，也不会因为小人对你的栽赃，而远离你。当你感到迷茫时，不妨巧妙地给朋友考考试，一个小小的考验就能让你看清对方的真面目。

那么，到底什么样的人才是我们真正的朋友呢？

1. 真正的朋友不会见利忘义

真正的朋友不会因为一点私利，就把朋友的情谊抛开在一边。真正的朋友不会有私心的，他会在你需要帮助的时候，不顾一切地呵护你，他会一直对你最忠诚，他会履行承诺，是不会因为你暂时的不顺利，而把你忘掉。

2. 敢于说真话的人才是真朋友

可很多时候，我们也知道交朋友也是一件很难的事，人与人之间的距离好像很远。一些尔虞我诈的事例不得不让自己多设置一道防线。中国文化中，友道的精神在于“规过劝善”，这是朋友的价值，有错误相互纠正谅解，彼此共同改掉毛病或缺点，互相学习勉励，共同发展，这就是真正朋友。

总之，我们需要记住的是，我们不可能有“三头六臂”，无法迎接不同的人，但选择与什么样的人交往，我们却是有自主权的。只有那些良师益友，才会在关键时刻与我们患难与共，才是我们生命中的贵人，他们不会有过多赞美的语言，有时候，他们只会批评、指责你，他说的都是你不喜欢听的话，你自认为得意的事向他说，他偏偏泼你冷水，你满腹的理想、计划对他说，他却毫不留情地指出其中的问题，有时甚至不分青红皂白地就把你做人做事的缺点数落一顿……反正，从他嘴里听不到一句好话。但这样的人，才真正是我们人生导师。但还有一种人，他们说话做事都会尽量不得罪人，多半是宁可说好听的话让人高兴，也不说难听的话让人讨厌。其实这样的人，根本没有尽到做朋友的义务，明明知道你有缺点而不去说，甚至有时候，更是别有居心了。这种朋友就算不害你，对你也没有任何好处，你大可不必浪费时间和这样的人交往。

## 对于小人，不予理睬、退避三舍

在社会生话中，总有一些人不以真诚面对众人，而是戴着一副假面具示人。假使是外观上要好的挚友，其欺诈性，也是防不胜防。每当我们在最失意的时候，偶然会把心中的怨气宣泄于他人，没想到，竟会招受他人的痛恨乃至敌视。而这类出卖我们的人，就是人们常说的“伪君子”。这种人“明是一把火，暗是一把刀”，又被称为“笑面虎”。他们是最危险的一种人，但可能有一个美丽的包装：开始的时候，他们看起来是那么善意、那么富有诚意，对你又那么关心。你可能感动地把自己的一切都告诉他，而一旦你跟他的利益发生冲突，他就会狠狠地踩你一脚，有时候，他们甚至会做“损人不利己”的事。

对于这样的小人，我们该怎么对付呢？我们先来看看娜娜是怎么做的：

娜娜是一个单纯漂亮的女孩子，曾就读于一所比较出名的美术学校。毕业后，她被一家艺术设计公司聘用，具体工作是给舞台礼服设计花样图案。但她的老板却是个抠门的人，每天都会看着办公室的员工们干活，看见谁偷懒，就会扣除工资，他给娜娜的工资每月只有一千七百元，除掉房租勉强只够吃饭。因此，娜娜并不能和其他女孩一样可以大手大脚地花钱，即使想约朋友，也是把他们带回家里来，然后亲自下厨招待他们。

娜娜刚来公司的时候，认识了一个比她稍长一点的姐姐，因为在同一个学校毕业，而那个同事比她资深，算是个小领导，平时在公司也算对娜娜照顾，所以娜娜就死心塌地对人家好。

有一天，那位女同事因为和男友分手，心情不好，看到娜娜在工作，便不分青红皂白地把娜娜骂了一通。娜娜虽然也生气，但知道原因后，从那同事的角度想想后，也就原谅了那个同事。次日，她还是满面微笑地招呼那位同事，当作什么也没发生过。

而那女同事压根儿就是个小人，看见娜娜没有生气，反倒觉得奇怪："我这么对她，她居然没有一点记恨的表现，肯定是装的！"于是，这个女同事就心生恨意，准备先下手为强，将娜娜赶出公司。

终于，她等到了机会。不久两人去外地出差，客户选中了娜娜设计的几个方案，却没有挑中女同事的任何一个。娜娜还好心把样稿让一部分给女同事做，没想到对方压根不念好，更是对娜娜记恨在心。

第三天，娜娜被公司一个电话提前召回，等待她的是放在桌子上的辞退通知信。她流着眼泪读信，感觉自己是不明不白地被辞退的。后来，有个心眼好的同事告诉她，原来是那位女同事在老板那儿说了坏话，说娜娜在外出差不好好干活，设计的图案一幅没被选中，还抽空溜出去玩。老板当场大怒，下令把娜娜立刻开除，其他人怎么劝也没用。

这时，娜娜才知道原来自己是被陷害了，还是被自己一直信任的人，她真是哭笑不得，她也不想解释太多，就收拾东西离开了公司。

娜娜的那位女同事，可以说简直是一个现代版的“以小人之心度君子之腹”的小人，这样的小人生活中自然不少。其实，娜娜落得如此悲惨的下场，也与她自己交友不慎有莫大的关系，她错就错在太善良，对人毫不保留，把饿狼当知己，到头来还被饿狼咬了一口。在与那位同事共事的过程中，娜娜早该看出来她是个嫉贤妒能、心术不正的小人。这种人，你越是对她掏心掏肺，她就越不念你的好，反而认为你是假作好心。职场如战场，在面对竞争和利益的时候，你不懂得保护自己，不懂得趋利避害，你的路将会走得很辛苦，像娜娜那样，试图委曲求全也依然会被人排挤。

其实，“小人”就是“小人”，不管他身处何职，出的点子、办的事情都是“小家子气”，他们行事诡诈，总是想着整人害人，这就叫：本性难改。对待这类人物只有一个办法：不予理睬、退避三舍。

阴险的人没有明显的标志，一般情况下，短时间内不容易辨别，但随着时间的推移，终究会露出蛛丝马迹。阴险之人的表现大体会有以下几个特点：

1. 喜欢造谣生事

他们把造谣生事当成家常便饭一样，乐此不疲。为了达到自己的目的，不惜诽谤别人，诋毁别人的名誉。

2. 喜欢挑拨离间

他们为了达到谋取个人利益的目的，通常会使用离间法挑拨朋友之间的感情，好从中坐收渔利。

3. 擅长拍马奉承

这种人嘴甜如蜜，善于恭维别人，拍马屁。

4. 具有势利眼病

他们对有权有势的人关怀备至，一旦有一天他们发现自己所依附的靠山调离此处或出现问题轰然倒塌，他们就会落井下石，迅速抛弃对方，另寻高枝。

总之，与这样的人交往，要有防范之心。他们一般都工于心计，和别人交往时，他们往往把自己真实的一面隐藏起来。交往中遇到这样的人，切记不要让他们完全掌握你的秘密和底细，更不要为他们所利用，否则一不小心就会陷入他们的圈套之中。

## 防人之心不可无，别听信谗言

在这个世界上，我们每天都要与形形色色的人打交道，人际关系成为任何人都无法回避的问题。小而言之，哪怕去市场买菜，我们都需要与卖菜的人交流沟通。大而言之，我们在学习上工作中，要想有所成就，除了自身努力之外，也要与团队里的成员更好地合作，并且要多多结识贵人让他们提拔和点拨我们。人心，是最复杂的。正所谓“画虎画皮难画骨，知人知面不知心”。我们要想打开他人心扉，就必须学习一些心理学知识，了解他人的心理，才能更加贴近他人的内心。然而，并非每个人都是心理学家，也不是每个人都能成功打开他人心扉。在与人相处的过程中，我们必须坚持一个原则：害人之心不可有，防人之心不可无。哪怕我们无法洞察他人内心，也要小心防范那些花言巧语的人，以免被他们蛊惑。

常言道，谁人背后不说人，谁人背后无人说。的确，人与人交往时，彼此之间总是喜欢相互评价和判断。然而，还有一句俗语说到，路遥知马力，日久见人心。人与人相处，要想相互了解和认可，绝非朝夕之间的事情。世界上的万事万物都处于不断的发展变化之中，我们也必须用与时俱进的眼光看待他人，而不要戴着有色眼镜看人，这对人是极其不公平的。所以，我们在不确定自己是否真正了解他人之前，更不要轻易给他人下定论。盖棺定论，意思是说必须等到一个人死后才能对其功过是非进行评价。言外之意，在一个人活着的时候，他总是在不停发展变化的，不能对他妄下定论。由此可见，评价一个人是很难的，一个人的人生也绝不是一成不变的。所以我们更要加倍警惕，不要被花言巧语的人蛊惑，一定要用心观察对方，甚至可以在危难时刻考验对方，才能真正做到信任对方。

森林之王老虎统治森林很多年，身体渐渐老迈，体力大不如前。又因为生病，老虎已经连续好几天无力走出山洞去觅食了。因此，它决定采取智谋获得食物，而不再是辛苦地四处奔波。打定主意之后，它不再像前几天那样每天去洞口晒太阳，而是躺在山洞的深处大声呻吟。森林里的很多动物都想讨好老虎，因而它们接二连三地来探望老虎。

对于每个走进山洞里的动物，老虎总是以各种办法诱惑小动物们走到它的身边，然后它就张开血盆大口把小动物吃掉。狐狸当然知道老虎不好对付，但是又怕老虎病好之后怪罪它，因而也怀着一颗警惕的心来到老虎的山洞里。不过，狐狸很聪明，它站在远离老虎的洞口处，无论佯装友善的老虎怎么诱惑它，它都绝不往前走一步。老虎不由得生气了，愤怒地说："你是来探望我的，难道你还怕我吃掉你吗？"狐狸笑着说："我当然知道我是来探望您的，也知道您不会吃掉我，因为我离您实在太远了。但是，我也很为其他动物担心，因为如果它们不够聪明，就会像我看到的这些有去无回的脚印一样。"说着，狐狸指了指老虎身边的那些脚印，那些脚印在到达老虎身边之后就都消失了。

这个寓言故事告诉我们，对于花言巧语的老虎，虽然它高高在上，是百兽之王，但是依然要保持警惕，否则就会像大多数动物一样葬身虎口。幸好狐狸非常聪明，它怀着警惕之心去探望老虎，在见到老虎之后又认真仔细地观察，最终证实了它的猜测：那些前来探望老虎的小动物都被老虎吃掉了。这样一来，无论老虎如何蛊惑它，它自然绝不靠近老虎一步。

如今的世界也是非常复杂的，尤其是社会生活中那些错综复杂的人际关系，更是使我们感到非常头疼和为难。所以，我们必须认真细心，积极主动，才能走进他人的内心，打开他人的心扉，对他人观察入微，把握他人的心理动态。否则，一旦我们被他人的花言巧语迷惑，最终受伤害的只会是我们自己。

## 所谓敌人和朋友不是绝对不变的关系

常言道，多个朋友多条路，多个敌人多堵墙。的确，在人生之路上，我们因为有了朋友的陪伴和扶持，所以走得更好。一旦离开了朋友，四处树敌，导致我们人生的路处处都被堵死，我们还如何能够成就自己呢？还有人说，这个世界上没有永远的敌人。在日新月异的今天，这句话是非常有道理的。这句话告诉我们，所谓敌人和朋友并非是绝对的、固定不变的关系。再亲密无间的朋友，一旦因为各种原因被离间，甚至有可能反目成仇。相反，哪怕是见面眼红的敌人，在共同的利益面前，或者因为其他原因，也有可能化敌为友，甚至也能成为莫逆之交。我们必须认识到，敌人和朋友之间是会相互转化的，关键在于我们如何起到主导作用，及时调整自己与他人之间的关系。

英国大名鼎鼎的外交家托马斯·潘曾经说过，人类没有永恒的朋友和敌人，只有永恒的利益。世界看似很大，实际上我们都生活在地球村里，那些发誓再也不见的敌人，也许不知道什么时候就山不转水转地邂逅了。后会有期并非是一句空话，而是每天都在现实生活中上演。因而朋友们，千万不要憎恶你的敌人，只要没有不可原谅的血海深仇，我们不如从敌人的角度考虑问题，更多地谅解敌人。此外，也不要因为小小的利益就与朋友反目成仇，朋友是我们一生的陪伴，很多时候如果没有朋友，我们会变得寂寞无聊，甚至不知所措。因而，我们必须保持宽容的心态，也更加平静地对待朋友或者是敌人。这么做我们不但是在宽容别人，也是为自己留下回旋的余地。

有一次，大名鼎鼎的卡耐基去参加一个宴会。在这个宴会上，有个来宾因为生意上的原因，对卡耐基心怀芥蒂，所以他趁着人多的场合，居然肆无忌惮地抨击卡耐基，不断指责和辱骂卡耐基，还编造了很多莫须有的罪名安在卡耐基的头上。正当这个人口若悬河时，卡耐基已经悄无声息地到了人群后面，耐心地倾听着他的演讲。宴会主人留意到这个现象后心急如焚，他很担心卡耐基一旦无法忍受，就会当面质问那个商人，由此一来主人精心准备的聚会就会马上变得不愉快，甚至还会成为他们唇枪舌战的战场。

出乎主人的意料，卡耐基始终面色平和地站在那里听讲，就像人群中间的那个人正在抨击的不是他而是其他人一样。那个商人说着说着，突然看到卡耐基就在人群里，马上羞愧得满脸通红。他不知道如何面对卡耐基，恨不得找个地缝钻进去，但是卡耐基看到他演讲结束，却面色平静地走上前去，热情地握住他的手，似乎自始至终从未听到他在说自己的坏话一样。商人的脸时而红、时而白，他结结巴巴，不知道应该和卡耐基说些什么。为了给他解围，卡耐基特意端了一杯红酒给他，缓解他的窘态。次日，商人特意拜访卡耐基，感谢卡耐基前一天没有当众给他难堪。从此之后，他不仅和卡耐基尽释前嫌，还与卡耐基在生意上有了更多的合作。当时见证了整件事情的人，也给予了卡耐基极高的评价，认识到卡耐基是一个非常宽容友善、心胸博大的人。从此之后，卡耐基的人缘更好了。

当一个人无意间发现另一个人正在背后说自己的坏话时，一定会感到非常愤怒。毕竟，受不白之冤，是最让人气愤的。但是，卡耐基面对这样的情况却非常平静，这并非因为他不在乎自己的名声，而是因为他聪明睿智，知道与其多树立一个敌人，不如多结交一个朋友。化敌为友，是我们征服敌人的最好方式，这样敌人的一切优势都会成为我们的优势，增强我们的力量，远远比我们与敌人争锋相对、鱼死网破好得多。

实际上，敌人和朋友只是相对而言的关系，就像美与丑也是相对存在的一样。世界上所有事情都是对立存在的，同时也保持统一的关系，人际交往也是如此。正如刺猬一样，人与人之间也是离得近了彼此刺痛，离得远了又无法相互依偎着取暖。所以我们处理人际关系时，也必须先抓主要矛盾，再解决次要矛盾，团结一切能团结的力量，最大限度增强我们的实力。当然，这样做的前提是我们必须有一颗宽容友善的心。

# 改变自己，学会与我们不喜欢的人相处

每个人在这个世界上都不可能完全孤立地存在，时代越是进步，社会越是发展，我们与他人之间的关系也就变得越来越密切。发自内心地说，我们都希望自己能够与友善宽容的人相处，而希望我们的身边没有尖酸刻薄、严厉刁钻的人。遗憾的是，生活不会完全遵循我们的意志，我们也无法指挥那些我们不喜欢的人离开我们的身边。因此，我们只能改变自己，学会与那些我们不喜欢的人相处。

其实，不招我们喜欢的人并非都是所谓的坏人，诸如父母总是叮嘱我们写作业，但父母不是坏人。再如，老师有的时候会因为我们犯错误而严厉批评我们，老师也不是坏人。当我们长大成人走入工作岗位，陷入激烈的竞争之中时，我们的对手虽然常常战胜和超越我们，让我们尴尬难堪，但是他们也不是坏人。每个人都像是一株小小的树苗，在成长的过程中总是要接受数次修剪，才能长成参天大树，那么对于那些曾经“修理”过我们的人，我们都不要片面看待，而要理性看待。如果没有那些“修理”我们的人，我们如何才能成为今日的栋梁之才，如何拥有今日的伟大成就呢？说不定我们早就已经枝蔓旁生，误入人生歧途了。因此，朋友们，假如你们想让自己在人生路上取得更大的成就，获得更大的成功，就必须走出心理误区，不要对那些曾经修理我们的人心怀怨恨。试想，一个人如果觉得你朽木不可雕，那么他还怎么会花费时间和精力耐心雕琢你呢！正如人们常说的，嫌弃苹果的人才是真正买苹果的人。我们也要说，对我们挑剔和苛责并且督促、激励我们进步的人，才是真正对我们好的人，才是成全和成就我们的人。

韩信年轻时，家道中落，他渐渐变得不学无术，经常佩着宝剑在街上四处闲逛。有个恶少一直看韩信不顺眼，终有一天他逮到机会，侮辱韩信："尽管你身强体壮，佩戴宝剑，但是我说你是个不折不扣的胆小鬼。假如你想证明自己不是胆小鬼，不怕死，那么你就拔出宝剑，把我杀了。但是，如果你不杀我，你必须从我的裤裆下面爬过去，我才会放过你。"韩信听到少年的话，感到非常为难。他很清楚，自己如果把少年杀了，那么自己也活不成，会被流放，或者被处死。因而他冷静地看了看这个少年，发现少年人多势众之后，最终选择趴在地上，从少年的裤裆底下爬过去。围观的人看到韩信如此胆小怯懦，便纷纷嘲笑韩信。

发生这件事情之后，韩信告别经常接济他的老婆婆，决定一个人行走天下，建功立业。后来，他得到刘邦的赏识，为刘邦做出了很多贡献，因而被刘邦派去管理齐国。项羽杀死楚怀王后，刘邦又让韩信管理楚国，成为楚王。在韩信走马上任之前，楚国人得知韩信要来管理他们，全都不以为然。要知道，他们还以为韩信是当初那个吃不饱饭、四处流浪的穷小子呢！当年曾经让他蒙受胯下之辱的那个恶少心惊胆战，他深信不疑韩信会找他复仇。但是当韩信到达楚国之后，先是去报答接济他的老婆婆。后来又去感谢了其他恩人，最后居然把当年的恶少封为中尉。看到他人的不理解，韩信解释说："当年，我正是因为蒙受这位壮士的胯下之辱，才能有今日的成就。"

四处游荡、不务正业的韩信，如果没有被恶少侮辱，也许就不会痛定思痛，有今日的成就。其实，每个人在人生路上都会被他人"修理"，这些修理我们的人或者是我们的亲人朋友，或者说陌生人，或者是对我们居心叵测的人。总而言之，不管被谁"修理"，我们都要更好地面对人生，把握命运，否则我们就会失去主动，只能被动地接受命运的安排。

生活就像一面镜子，我们以怎样的态度面对生活，生活也必然给予我们相应的回馈。在残酷的现实中，我们必须鼓起勇气，绝不退缩，才能得到生活的慷慨馈赠。很多人对于身边的人非常严厉，总是不加掩饰地当即指出身边人的错误和不足，虽然身边人当时也许会觉得颜面受损，实际上未来是应该感谢他们的。归根结底，树木经过修剪才能挺拔，花草经过修剪才能秀美，人更需要“修剪”才能成形。就像在封建社会，学徒要想学会一门手艺，必须先给师傅家当很长时间的免费劳动力，然后再接受师傅的严格管教，才能学成出师一样，所以职场上的朋友们，也许你们也被他人修理，那么千万不要憎恨和排斥他人。唯有以积极的心态面对那些挫折和磨难，我们的人生才能充实而有意义，真正获得进步。

## 与优秀者为伍，让自己变得好起来

巴菲特一直认为，结交什么样的朋友，对一个人的一生是十分重要的。巴菲特有两个好朋友，一个是世界第一聪明，一个是世界首富。当然，我们并不能说巴菲特的朋友就处处比他优秀，我们所需要强调的是巴菲特能从这些朋友身上学到一些东西。中国有句古话：“近朱者赤，近墨者黑”这句话也说明了朋友对一个人的影响，假如我们想了解自己的朋友，可以通过一个与他交往的人去了解他。比如，一个注重养生的人不会和一个酒鬼混在一起；一个举止优雅的人不会和一个行为粗鲁的人交往；一个洁身自好的人不会跟一个自甘堕落的人交朋友。好的朋友就好比一个良好的环境，可以让我们自己也变得更好。

巴菲特可以说是世界闻名的投资大师，不过，其朋友芒格却是很少人知道。这位芒格先生是伯克希尔公司的董事会副主席，虽然他经常与巴菲特一起出席公众场合，但大多数情况下都是巴菲特一个人在那里高谈阔论，而芒格总是沉默不语。千万不要小看了巴菲特的这位朋友，在巴菲特所创造的许多经典投资案例中，有很大一部分的功劳都是芒格的。就好像巴菲特大儿子霍德华曾说："我爸爸是我所知道的'世界上第二聪明的人'，第一是谁？当然是芒格。"

1975年，巴菲特与芒格开始正式合作。刚开始的时候，巴菲特在投资中一直推崇"廉价股"，他认为这是最好的赚钱方法，当然，这样投资方式在早期也收获了不少。不过，作为合伙人的芒格表示，随着经济的不断发展，投资市场上的"廉价股"会越来越少，所以他认为巴菲特的投资方式并不是万能的。芒格觉得，假如一家公司的盈利足够好的话，即便它的股价再高一些，也是值得购买的。同时，芒格还说道："在投资时要注重公司管理者的素质，假如一家公司的领导层是一群有抱负、善于管理的人，那么这个公司一定能有一个光明的前景。"

事实上，在投资这条路上，朋友芒格确实给予了巴菲特很大的帮助。对于芒格的这些理念，巴菲特自己作出了肯定的评价，他说："他把我推向了另一个方向，我以非同寻常的速度从猩猩进化到人类。"

巴菲特说，假如年轻人受到良好的影响和明智的指导，谨慎地运用自己的自由意志，那他们就会在身边寻找比自己优秀的人作为自己的榜样，努力去模仿他们。与比自己优秀的人交朋友，就会从中吸取营养，使自己得到长足的发展。

1. 三人行，必有我师焉

俗话说："三人行，必有我师焉"优秀的朋友可以帮助我们进步，他们的智慧、知识、能力等方面的长处可以成为促使我们前进的能量和源泉，从而让我们获得一些终身受益的东西。

2. 优秀的人更值得我们学习

其实，每个人身上都有值得我们学习的地方。不过，那些优秀的人更值得我们去学习，他们之所以优秀，那是因为身上有一些常人没有的闪光点，那才是我们学习的关键之处。

# 第 08 章

# 别磨不开面子，该拒绝时果断拒绝

人际交往中，我们都知道对于无能为力的事，我们就需要拒绝。然而，没有人是希望被拒绝的。通常情况下，一个人被拒绝之后，心里便会产生落差，也会觉得失了面子。尤其是拒绝他人的时候，直接把“不”字说出口，不委婉、不含蓄。这样只会让人无法接受，在心理上受到很大打击。此时，如果我们能运用一些拒绝的技巧，将生硬的否定变成可爱的面孔，这会是能够帮助你在轻松愉快的气氛中拒绝别人的好方法。

## 不得不拒绝时，婉转提出

在日常生活中，我们都不可避免地会遇到需要拒绝的人或事，面对别人提出的不合理、不合适的要求或者自己不愿意去做的事情，这时需要我们大声说“不”。不要认为自己就是受欺负的，不要认为自己总是要对别人言听计从的。虽然，拒绝是必然的，但拒绝的方式却是需要考量的，直接的拒绝将意味着对他人意愿或行为的一种否定，无形中会打击到对方的自信心，甚至伤害对方的自尊心。那么，如何能够保全双方的面子，又巧妙地达到拒绝的目的呢？我们可以通过语言来向对方暗示说“不”。拒绝也是一门艺术，既能达到巧妙拒绝的目的，又不至于让对方心里产生不快的情绪，这才是最高明的拒绝。在某些时候，我们不得不说“不”，当然，拒绝并不是以伤害他人为目的，而是以和为贵，尽量在保全双方面子的前提之下进行的。

一位男青年被女播音员优美动听的声音吸引，来信希望见一见播音员本人。对此，播音员在回信中说：“这位听众朋友，首先我了解你的心情，感谢你的好意。你听过‘知人知面不知心’这句格言吧，交朋友最难的是交心。那么，还是让我们做一个知心的朋友吧！”通过语言暗示“拒绝”，而且拒绝方式极其婉转，回应了男青年提出的无理要求。

在拒绝的时候，我们需要考虑到对方的面子，而幽默地拒绝恰好可以巧妙地体现这一点，用幽默的方式来拒绝对方，让对方在毫无准备的大笑中失望。比如面对同事相约去钓鱼的要求，“妻管严”丈夫回答“其实我是个钓鱼迷，很想去的，可结婚以后，周末就经常被没收了”，同事哈哈大笑，也就不再勉强他了。

1. 委婉暗示

有时候面对下属提出的建议，上司不忍拒绝，只好委婉地暗示“这个想法不错，只是目前条件还没有成熟，我觉得你应该把工作重心放在现阶段的主要工作上”。有时候，身边的同事或朋友可能会向你打听一些机密的事情，但因为原则问题你要保密。这时候，你不妨采用诱导性暗示，诱导对方自我否定。比如你可以对他说：“你能保密吗？”对方肯定回答：“能。”然后你再说：“你能，我也能。”

2. 借助他人之口把拒绝的话说出口

如果自己不知道该如何拒绝，你可以借助他人之口把拒绝的暗示语说出口。比如，利用公司或者上司的名义进行拒绝："前几天董事长刚宣布过，不准任何顾客进仓库，我怎么能带你去呢？"或者说："这件事我做不了主，我会把你的要求向领导反映一下，好吗。"

## 转移话题，让对方明白你的拒绝

拒绝是一门艺术，既能巧妙达到拒绝的目的，又不至于让对方心里产生不快的情绪，这才是高明的拒绝。通常而言，太过直白的拒绝往往是伤害人的，不仅严重打击对方的积极性，而且还会令对方心生怨恨。

比如，这两种拒绝方式："我不吃日本料理""附近还有其他特色餐厅吗？我不太习惯吃日本料理"。前一句更像是一句带着刺的话语插进对方心里，典型的以自我为中心践踏了别人的一番好意；而后一句则委婉地表达了自己的想法，别人会更容易接受。当我们开始说"不"的时候，态度必须是委婉而又坚定的。委婉地拒绝比直接说"不"更容易让人接受。比如，当同事提出的要求不合公司部门规定的时候，你可以委婉地告诉对方自己真的是爱莫能助，如果耽误了工作，会对公司与自己产生冲击。

在日常生活中，相信我们都有过需要拒绝他人的情况，你需要拒绝，但是更需要的是“不会让对方伤心的拒绝话”，艺术的拒绝方式让对方感受不到一点伤害，反而会理解你的处境。当别人对你有所求而你却办不到的时候，你不得不说“不”，当然，拒绝并不是以伤害他人为目的，而是以和为贵，是尽可能在不影响两人关系的前提之下进行的。虽然拒绝是很难堪的，但在不得已的时候还是会用到拒绝，事实上，只要你能够很好地运用拒绝的艺术，相信它最终带来的并不是尴尬而是和气。

不好直接拒绝时，可以采取迂回的战术，转移话题也好，另有理由也行，关键是要善于隐晦，但又不致于撕破脸。事实上，人都是聪明的，你大可不必担心对方不能领悟你变话题的用意。

有对年轻男女在一起工作，男方对女方产生了爱慕之情，男方急于要表白心意，女方虽心领神会，但是却不愿将友情向爱情方面发展，女方认为还是不要说破，保持那种纯真的友谊比较好。于是，就出现了下面的情况：

男青年：我想问问你，你是不是喜欢……

女青年：我喜欢你给我借的那本公关书，我都看了两遍了。

男青年：你看不出来我喜欢……

女青年：我知道你也喜欢公共关系学，以后咱们一起交换学习心得吧！

男青年：你有没有……

女青年：有哇！互相切磋，向你学习，我早就有这个想法了。

男青年：……

这位女青年3次都把男青年的话打断，使得男青年明白了她的想法，于是，他便不再问了。这比让他直接问出来，女青年当面予以拒绝要好很多。

在遇到以上案例中的情况时，你又是怎样将拒绝的话说出口的呢？的确，在拒绝他人时，我们有时会觉得不便说“不”，便随便找些理由来搪塞对方，以求得一时的解脱。但这个方法并不高明，因为对方仍可能会找其他理由与你纠缠下去，直到你答应为止。比如你不想答应帮他做事，推托说：“今天我没有时间。”他可能会说：“那没有关系，你明天再帮我做好了，事情就拜托你了。”此时，你可能很难再用其他借口推辞了。因为这些都是小小的谎言，一经反驳，你肯定会感到慌乱，说“不”的意志便很难坚持了。实际上，你不妨直接采取转换话题的方法，对对方的问题不予直接回答。

当然，我们在采取这一语言策略的时候，就需要做到正确的断答，才思敏捷，口语技巧娴熟。因为，首先，断答前要摸准对方的心理，“你一张口我就知道你要问什么”“未闻全言而尽知其意”，这与“错答”比起来，要求会更高。

其次，要能抢得自然而恰当，比如从“喜欢”（人）而引论到“喜欢”（书），能瞒过在场的其他听话人。

最后，断答往往需要几个回合才奏效，因为抢一两次，对方可能还不能领悟到答话者的真正意思，或者知道而不甘心，于是继续发问，这就要求“连抢”多次，才能不露出破绽，达到拒绝的目的。所以说难度大，技巧性强，但如果运用得当，效果也会很好。

总之，拒绝别人或被别人拒绝，是我们一生中每天都可能经历的事情。这是人生中非常真实的一面，谁都会遇到这样的经历。朋友、同事，甚至领导来找你帮忙，但有时他们所提出的要求是你没有能力或不愿意去做的，此时，我们就要学会拒绝他们的请求。我们可以故意转移话题，就是在对方还没有完全表达出想说的话时，就将其话断开，转向其他的话题，这对于拒绝对方而言也不失为一种好的方法。

## 目光转移法，告诉对方你的态度

生活中，与人打交道，会涉及到一些我们不能直言的问题，比如，拒绝别人等。如果不顾对方感受和情绪，把自己的想法强加给别人，不仅达不到我们预想的效果，还会恶化彼此之间的关系。此时，我们不妨尝试一下这样的心理技巧，目光转移法。

人类是一种视觉动物，眼睛是人获取90%信息的来源，同时也是传达信息的重要途径，除了语言、表情、动作以外，从人的视线中也能获得很多非常重要的信息，可以从中分析对方的心理。而在表情中，目光突然变得斜视，表明藐视、拒绝或者不感兴趣。

为此，我们在与人交谈的过程中，如果你想拒绝对方而结束谈话的话，不妨把眼睛望向别处，当侃侃而谈的对方看到你的冷漠反应后，自然就会“知趣”，选择终止谈话。

我们不妨看看下面的故事：

丹丹最近通过相亲认识了一位男士，丹丹对他的印象还不错，于是，也就互留了联系方式，刚开始，两人相处得还不错，但很快，丹丹就发觉两人性格不合，打算找一些借口断绝和对方往来。

“下周末我们还去郊外钓鱼怎么样？”临近分别的时候，那个男士又邀请丹丹。

“下周我们一直都要上班，周末也是。”

“那就再下周吧。”

“那就再说吧，最近总是在周末出去玩，我周一上班都没什么精神，我要回去休息了。”说着，丹丹眼睛望向了远方，对方马上意识到了丹丹的意思，从那天起就不再和丹丹联系了。

这里，丹丹拒绝此男人邀请的方式就是通过眼神转移法巧妙地暗示对方，你对他已经不感兴趣了，那么对方就会明白你的言外之意。再比如，你的闺密希望你这周末陪她出去逛街，但这周末你确实有自己的安排，那么，在交谈的时候，你也可以运用这一方法暗示她。当然，最好你能再运用语言暗示进行配合，比如，你可以说：“今天时间不早了，周末玩得太累会影响工作的，我该回去休息了。”这样说，对方自然就会明白，你周末不打算出去，也就明白你话里的拒绝意思了。

其实，如果你细心观察便发现，在商业谈判中，彼此对立的双方会有这种眼神。假如我们是交易的一方，而对方此时视线突然转向远方，表明对方对你的谈话不关心或正在考虑别的事情。那么，很有可能他在心里思考你的话，盘算怎样才能使自己获得最大利益。

还有一种情况，如果和你交谈的是你的恋人，此时，假设对方是你的女友，她在与你谈话时总是将视线转到远处，这表明她在思考别的事，或许是对你们的未来没有信心，或许是她心里已有他人，对你说不出口。出现这种情况，你不妨用试探的口气问她："有什么麻烦吗？告诉我，我们共同解决。"

根据这一眼部动作的含义，我们同样能将它运用到对他人的拒绝之中。

小王是公司的一名小领导，员工的工作他都必须参与，上级领导的工作他也不能推卸，因此，他常常忙得焦头烂额。不过好在他曾经参加过公司组织的心理培训课程，所以，他懂得如何拒绝别人。

最近，他负责一项权责以外的工作，弄得自己头昏脑涨。因为是第一次经手工作，不明白的地方很多，所以常在思考上花费很多时间，导致工作进度很慢。偏偏在这个时候，上司又要求他去参加拓展业务的研讨会。

小王本想直接打断上司，但想了想，这样上司肯定会不高兴，所以他故意把视线转移到其他地方。上司一看小王的反应顿时就明白了："肯定是给小王安排的工作太多了，他都应付不过来了。"所以上司想了想，说："你先忙你手头上的事情吧，这件事我看谁有空，就让谁去做。"

这里小王的拒绝上司的暗示技巧是值得我们学习的，试想一下，如果他不自觉地就用比较强烈的口气拒绝说："不行啊，我现在根本就没时间参加什么研讨会。"上司听后，心头也起了一把火，很不满地说："好吧，那从此以后就不再麻烦你了！"

现实生活中，没有哪个人是有求必应的，一个人找人帮忙，虽说抱着成功的希望，但也有失败的心理准备，因为他知道对方可能也有难处。所以，当别人找你帮忙时，如果你能力不济或当前有困难，而又不方便讲明，你可以通过这一暗示让对方知难而退，我们不必把拒绝说出口。

# 恰到好处，别伤害到对方的面子和自尊

人活在这个世界上，总会遇到一些这样的情况：自己的同窗好友或者同事，相处的时间长了，就会不自觉找自己帮忙。如果自己可以做到那么应该尽全力去做，假如对方所提出的某些要求过分，自己办不到，或者说不是我们力所能及的，那就需要拒绝别人，而不是硬撑。生活中总是有很多人在处理诸如此类的问题感到很困惑，不知道该怎么办，明明知道这些事情办不好，但又害怕因此而伤害了彼此之间的友谊，硬是答应下来。那么，如何才能不伤害对方呢？最有效的办法就是给对方一个台阶下，以此维护好对方的面子，所以，我们在说“不”之前，要让对方了解你之所以拒绝的苦衷和歉意，拒绝的语言要诚恳，要温和。当对方向你提出要求的时候，他们心中通常也有些困扰或担忧，所以，你在拒绝之前应该先倾听。对方把需要与当前处境讲清楚一些，你也才知道自己该如何帮他，而且，倾听能让对方有被尊重的感觉。当你在婉转地拒绝时，也能避免伤害到对方。

1. 找个好理由给对方台阶下

其实，拒绝时给对方一个台阶下，也就是需要我们找个好理由。通常我们在拒绝时都会阐述一些理由，而这样的一些理由是要充分而合理的，否则对方会感觉到你的不真诚。所以，在拒绝对方之前，需要给自己找好理由。一方面，如果没有好的理由就拒绝，会表现出支支吾吾的状态；另一方面，若是随便找的理由，不足以让对方理解，最终有可能会导致双方关系破裂。当然，拒绝对方要开诚布公，明确说出自己的理由。如果你在已经找好理由的情况下，还是采取模棱两可的说法，就会使对方摸不清你的真正意思，而产生了一些不必要的误会，这也很容易导致两人关系破裂。

2. 照顾其心理

当然，给对方一个台阶下，其背后的意思是需要照顾其心理，拒绝尽量在不伤害对方的前提下进行。所以，当我们拒绝的时候，不要只针对一个人，比如，面对推销员上门推销，你可以这样说“我们公司已经与某某公司签订了长期供给合同，公司里规定不用其他公司的原料，我也是按规矩办事”。

## 知晓自己的能力，完成不了的工作要学会拒绝

现代职场，很多人或者因为年轻缺乏资历，或者因为面

子薄，性格软弱，对于上司提出的不情之请，总是不好意思拒绝。有的时候，他们勉为其难地接受上司分派的任务，却又因为能力不足导致任务没有圆满完成，被上司毫不留情地批评，这样无疑是太委屈自己了。

上司虽然在工作上职务比我们高，但也只是工作上的分工与我们不同，这并不意味着上司高我们一等，更不意味着我们必须时时处处都听从上司的安排。现在就业市场上都是双向选择，对于上司超出我们工作本职范围的不合理请求，我们如果心有余力而且能够圆满完成，当然可以接受下来，等到做好之后成为我们的加分项。但是如果我们能力不足，那么千万不要为了照顾上司的面子而强撑着，毕竟最终事情搞砸了受批评的还是我们。退一步想，与其未来把事情做完了再挨批评，不如现在就把委婉拒绝上司，从源头上彻底解决问题。

不管是在生活中还是在工作中，我们都要学会说“不”。尽管“不”是个负面词语，而且带有强烈的感情色彩，因此我们在对于上司使用这个词语拒绝时，一定要避免咬牙切齿的表情，否则就会加重这个词语的负面色彩。相反，我们可以面带微笑，语气亲切，从而减弱这个词语带给对方的不舒服的感觉，从而使对方更容易心平气和地接受我们的拒绝。

当然，除了调整表情之外，我们还可以找一些合情合理的理由，这样上司面对我们的拒绝也就无话可说了。总而言之，拒绝上司没有必要义正言辞，更没有必要因此与上司成为仇人。其实，不仅仅针对上司，针对其他人的不情之请时，我们也要尽量委婉含蓄，给对方一定的台阶下。正如人们常说的，买卖不成仁义在，同样的道理，我们虽然没能帮助上司或者其他人，也没必要因此失去他们这些朋友。

罗斯福在当选美国总统前，曾经在美国海军军部担任重要的职务，因而他知道很多别人不知道的国家机密。有一次，有个朋友在与罗斯福偶遇之后，装作漫不经心的样子向罗斯福打听消息，问罗斯福美国海军是否真的准备在加勒比海的某个小岛上建立潜艇基地。对此，罗斯福感到很为难，因为这是国家机密，哪怕对家人也不能透露。但是，他又不好意思直截了当地拒绝朋友，因而他故弄玄虚地环顾四周，然后又把声音压得低低的，问：“你能保守这个秘密吗？”朋友当即毫不迟疑地说：“放心吧，我能。”这时，罗斯福突然笑着说：“我和你一样，我也能。”朋友马上领悟了罗斯福的意思，便不再继续追问了。

在这个事例中，罗斯福不好意思拒绝朋友，所以采取委婉的方式告诉朋友。己所不欲，勿施于人。既然朋友能够保守这个秘密，那么罗斯福作为海军军部的重要官员，更要以身作则，坚决不透露国家机密，影响国家安全。不得不说，罗斯福这个方法非常好，在轻松幽默的氛围中就拒绝了朋友，又没有伤害朋友的颜面，这充分表现出罗斯福与人相处的高超技巧。后来，罗斯福已经去世多年了，他的这位曾经试图打听国家机密的朋友，还经常讲起这段有趣的事情。

拒绝他人的时候，尤其说拒绝上司的不情之请时，我们最重要的是做到对事不对人。这样一来，我们哪怕在事情上拒绝了对方，但是我们与对方的感情却不会受到影响。当然，每个人都很爱惜自己的颜面，我们也可以找一些理由或者借口，让对方有台阶可下，不至于因为被我们拒绝而陷入尴尬和难堪之中。此外，我们还可以采取拖延的方法拒绝他人，这样我们无需直接把拒绝的话说出口，也能达到拒绝的目的，他人也会在没有听到拒绝之词的情况下，了解我们的心意。

# 第09章

# 妙用心理学，让社交场上的自己左右逢源

人与人之间，在交往之初，是存在一定的沟通屏障的，也是存在一定的戒备心理的，这就造成我们取得信任的困难。而让他人相信我们，在很大程度上可以说就是情感的征服。那么，如何打动他人呢？这还需要我们运用一些心理技巧，接下来本章我们将来细细分析。

## 同理心：运用心理技巧，制造出惺惺相惜的心理磁场

我们都有这样的经历，在走进一间陌生的房间，或是与一个不熟悉的人碰面时，在心里对自己说的最多的一句话，就是："这个人是什么样的人，我可以和他交往吗？"的确面对陌生人，人们总是本能地带着警惕和戒备的心理，这是人类在进化中形成的自我保护的方法之一。因此，如果你想迅速地拉近和陌生人的距离，进而与之沟通，首先就要制造情感共鸣，打开对方的心门。

心理学上有个著名的概念——同理心。所谓同理心，就是要站在对方的角度和立场上思考问题。在人际沟通中，表达同理心是非常重要的，表达同理心能让对方意识到你跟他是始终站在一起的，无形之中就有效地拉近了双方的距离。

事实上，任何两个初次见面的人，都处于一定的心理戒备状态，彼此之间都会存在心理距离，而沟通的根本目的也就在于打破这种心理隔阂，建立友谊，从而达到更深层次的

交际目的。而如何拉近彼此之间的距离，最重要的一点就是我们要懂得运用心理技巧，制造出惺惺相惜的心理磁场，从而达成一种同理心。

我们在与人沟通的时候，要想和陌生人一见如故，就要在初次见面的交谈上下工夫。与人交谈的过程中，我们必须在缩短心理距离上下功夫，力求在短时间内了解得多些，缩短了彼此的距离，才能在感情上融洽起来。孔子说："道不同，不相谋。"志同道合，才能谈得拢，有共鸣才能使谈话融洽。

那么，我们该怎样与初次交往的陌生人制造同理心呢？

1. 寻找共同话题

这就要求我们善于观察，一个人的心理状态，性格、爱好乃至精神追求等，都或多或少地会在他们的表情，服饰，谈吐，举止等方面有所表现，只要你善于观察，就会发现你们的共同点。除此之外，我们还要学会揣摩和分析，因为对方很多信息都隐匿在交谈的话语中，细细分析才会有所察觉。

2. 学会一些拉近彼此之间关系的语言技巧

比如，我们可以多从以下几个方面注意自己的说话方式：

首先，多赞美对方。

若想让对方觉得我们关心他，就该赞夸他；多赞美对方较不易为人所知的优点，可以加深对方对你的好印象；每次见面都找一个对方的优点赞美，是拉近彼此间的距离的好方法。

其次，多注意一些礼貌用语。

使用“请教”“帮我”等语气，较易获得对方的好感；常用“我们”这两个字可以拉近彼此间的距离。善于用“我们”来制造彼此间的共同意识，对促进我们的人际关系将会有很大的帮助。

最后，与人交谈中，会话中多叫几次对方的名字，增加彼此间的亲近感。不断地称呼对方的名字，往往会使刚刚才认识的人产生彼此已经认识了很久的错觉。

3. 以好感为起点，让彼此之间的心理场更稳固

与人交往，找出共同话题，建立好感并不是什么难事，但要将彼此之间的关系更深一层次，就考验你的语言水平了。发现共同点是不太难的，这只是谈话的初级阶段所需要的，你要做的是巩固、加深彼此间的关系。

总之，无论我们使用什么方法，一旦和对方产生了心理共鸣，人与人之间的摩擦与心理冲突会大大减少，就更容易建立良好的沟通氛围，所以，为了使自己的热情获得他人的

正面评价，我们有必要在沟通前先热身，积极制造同理心，和对方站在同一战线上！

## 语言暖场，炒热气氛

生活中，我们与人沟通中难免会遇到这样的情况：大家似乎都不愿意主动开口而导致了场面冷清、尴尬，此时，我们该如何是好？要知道，开口交谈是人际交往中最重要的步骤之一。处理好这一步可以使交谈气氛迅速融洽起来，使我们结识很多有趣的朋友；而处理不好会引起尴尬，失去很多机会。可见，用语言暖场是我们要掌握的重要技巧。而用语言暖场，并不是毫无章法的。我们要想做好暖场工作，需要从以下几个方面努力：

1. 保持良好的说话态度

人际沟通，我们说出的话就像那些泼出去的水，是很难收回来的，尤其是在公共场合，我们的每一句话都会产生或好或坏的影响。正是这样，无礼的言行就像留在他人心中的伤疤。就像一针见血地指出人的缺点，他人可能会错把自己的好心当成恶意对待，这岂不是费力不讨好？因为自己说话方式不妥当，别人会把自己的忠言当作胡言乱语，要么敬而远之，要么置之不理。说话太鲁莽，只会伤人伤己。

2. 以对方感兴趣的话题暖场

一般而言，说话时要选择大家都感兴趣的话题，而不要只顾自己说，否则他人就会感到厌倦，也就是我们常说的没有共同语言。如果我们能很好地找到共同感兴趣的话题，会使他人感到自己很亲切，很了解他，找到了知己，这样双方都会快乐不已，使感情更加深厚。那么，在公共场合，我们可以选择大家都关注的一些话题，比如，时事政治、体育以及房价等，即使在场的人不是很了解这些，也不至于插不上话。当大家你一句我一句的开始谈话时，我们的语言也就起到了暖场的作用了。

3. 幽大家一默

公共场合，适度的幽默能迅速引起大家的注意，并能起到良好的沟通作用。说话中巧妙幽默能够起到很好的效果，它既表明一个人是否具有道德修养，还能使交往和谐、化解矛盾与冲突。

古人曰："口者，心之门户也。"语言表达的技巧是沟通心灵的桥梁。是否会说话，不仅能使自己开辟出更广阔的交往空间，而且能使他人感到快乐与温馨。人际沟通，尤其是公共场合，学会如何暖场是掌握说话艺术的重要部分！

## 注意言辞，打消他人的戒备心

俗话说，覆水难收。说话也是，“说”与“话”是一个因果关系，你的嘴“说”些什么，“话”便是什么。可见，我们要想不对自己说出的话感到后悔，就要谨慎说话。在与他人沟通的过程中，我们更要“三思而后言”。因为从心理角度看，人们一旦发现那些有漏洞的语言，就会想产生纠正的心理，而一旦对方提出反驳的问题，就会让我们尴尬。而同时，人们对那些说话不谨慎的人，都会具有防备心理。

因此沟通中，我们只有谨慎把握自己的言语，才能打消他人的反驳心理，也才能让对方心服口服。具体来说，在运用这一心理技巧的时候，我们要从以下方面努力：

1. 注意修饰自己的语言，让语言形象化

通常人们都没有意识到说话用词给人以形象的重要性。实际上，聊天讲话如果能让对方眼前浮现出各种各样的形象，听众就会感到轻松、惬意，并愿意继续听下去。而如果话题含糊笼统，语言无色无彩，恐怕只会让对方昏昏欲睡，打不起聊天的兴趣，甚至对你产生厌倦的情绪。

2. 以事实说话

人际交往中，我们要想让自己说的话更有说服力、无懈可击的话，就需要从事实出发用事实说话。

3. 说话把握分寸

卡耐基说：“好口才是社交的需要，是事业的需要，是生存的需要。它不仅是一门学问，还是你赢得事业的资本。”但是，能说话不等于会说话，话还要说得有分寸。只有把握好说话的分寸，才算掌握了开启成功之门的钥匙，才能把话说到人的心坎儿上，达到“一语惊起千层浪”的效果！

总之，我们与人沟通，要把握对方的心理，说出让对方心服口服的话，对方才更容易接受也不至于“反驳”我们！

## 猎奇心理：设下悬念，秘而不宣

心理学上有个著名的“猎奇心理”理论，“猎奇心理”属于一种人的心理活动，每一个人都或多或少会有这样的心理。猎奇心理就是：想要去做别人不让你去做的事，一定要看个究竟，并且好奇心特大。“猎奇心理”也就是我们常说的好奇心理。在人际之间的沟通上，我们也可以利用人们的这一心理，“说话留三分，设置悬念”，能帮助我们掌握沟通的主动权。这一心理技巧是先将自己的思路引入对方思维的轨道，然后，把对方置入困惑的境地，点燃对方的帮助欲望。说话留三分，又可以称为“吊胃口”，你可以先说出令人深思的话语或者出人意料的现象，在这时候秘而不宣，吊住对方的胃口，在对方不断地追问之下，这时你才提出自己的要求，这时你就掌控了沟通的主动权了。

老李是个典型的大忙人，最近他为一项工程策划任务繁忙，已经好多天都没有和孩子坐在一起吃团圆饭了。

一天晚上老李加班到9点多，工作了一天很累还有点烦。回到家中发现孩子还没有睡在等他。孩子开口说道：“我可以问你一个问题吗？”老李回答：“什么问题？”孩子好奇地问：“你一小时可以赚多少钱？”“在这等我不去睡，就是为了这个问题吗？无聊！”老李有些生气地说。“我只是想知道，请告诉我，你一小时赚多少钱？”孩子几乎用哀求的口气问他。老李回答说：“你一定要知道的话，我一小时赚20元。”“哦，”孩子低下了头，接着又说，“你可以借我10个硬币吗？”老李发怒了：“开什么玩笑，现在就回去睡觉。好好想想为什么你会那么自私。我每天长时间辛苦工作没时间和你闹着玩。”

老李平静下来，意识到自己刚才对孩子太凶了，他走进孩子房间问道：“为什么你无缘无故想要硬币呢？”“这些钱都是我存的，不过还差10个硬币，如果我有了20个硬币，我还有一个小小的请求。”老李有点好奇：“什么请求？”“我可以用这20元钱向你买一个小时的时间吗？明天下班了，我想和你一起到外面吃晚餐。”孩子开口说道，老李哈哈大笑：“就这啊，我还以为是什么大事呢，没问题，明天我提前下班，咱们好好吃一顿。”

孩子先以“问薪”设下悬念，等老李到9点仅是为了问一句“一小时可以赚多少钱？”这个问题显得突兀而奇怪，然后再以“借钱”设悬念：“平时很少要过钱”的孩子竟向自己开口借10个硬币，以致“老李发怒”，而后为了解开疑团，老李主动询问，孩子趁此机会提出“要求”，老李在欣喜之余便答应了。

从心理学的角度看，所谓好奇心，指的是人们在遇到新奇的事物时或处在新的外界条件下所产生的注意及提问的心理倾向。我们每个人都是有不满足的心理的，而好奇心就是人们希望自己能够知道或了解更多事物的不满足心态。与人沟通中，假如能巧妙设下“陷阱”，激起对方想了解你的欲望，那么你的目的就有可能达成了一大半。

当然，“说话留三分”也是需要技巧的，凡事都要有个度，“说话留三分”也不例外。在适当的时候戛然而止，说出你的风采，一句机智的妙语胜过一摞劣书。

1. 故意说错话

在沟通过程中，不妨故意说错话，但话到中间却又巧妙一转，比如，如果你有求于他人，你可以在此时表示自己的歉意“不好意思，这些话不该说的，其实我不想让你知道我现在的处境”，激起对方的好奇心，追问之下，再假装无奈地说出自己目前的情况，顺势提出请求，相信对方会乐意帮助你的。

2. 设下“陷阱”

依然是以求助为例，有时候，对方可能根本不知道你有求助的意思，所以，你要巧妙设下“陷阱”，通过自己的语言或行为透露给对方“自己有可能出事了”，这样对方反而会主动问你“出了什么事”“需要帮忙吗”。

3. 设悬念

如果对方主动问你“出了什么事情”，你可以设计悬念“我也不知道怎么说……还是不要跟你说好了”“其实都是小事，你还是不要知道好了”，点燃对方帮助的欲望，这样对方会继续追问，迫切地想了解你的情况，甚至主动提出给予你帮助。

可见，在沟通中，我们能在说话时巧妙留三分，恰到好处地留下“悬念”，这样会使对方在回旋推进的言论中产生“山重水复疑无路，柳暗花明又一村”的感觉，继而激发无穷的兴味，有效地影响对方心理，最后达到自己的目的。

## 适当犯错，让他人觉得你很可爱

世界上的每个人，都既有缺点，也有优点，不会有任何人真正完美无瑕。面对我们的缺点，我们往往选择掩饰，似乎一旦被别人知道我们不够优秀，我们就会失去自我的尊严和面子。然而，所谓纸里包不住火，不管什么情况下，一个人都很难真正表现得完美，尤其是当缺点无法掩饰的时候，我们与其奢求一切都尽善尽美，不如坦然面对自己的缺点，勇敢接纳自己不够完美的人生。在诸多追求完美的人之中，这样的选择恰恰使我们与众不同。

毋庸置疑，人人都是有虚荣心的，也很爱面子。人人都希望把自己的一切缺点和不足都掩饰起来，从而以最完美的形象出现在他人面前。真正的聪明人一则要表现自己的优秀，二则要使自己从容坦然面对人生。谁能没有缺点呢？就算我们的缺点真的被他人发现，这也无关紧要，因为他人也同样有缺点，我们也许恰恰因为缺点的存在，因为那些接二连三的小错误，所以变得更加可爱和亲切。所以朋友们，不要再因为只求尽善尽美就给我们的人生设置障碍，与其自己阻挡自己获得快乐，我们不如更加坦然从容，发扬优点，正视缺点，从而让我们的人生更加顺遂自然。

作为苏联的写生画家法沃尔斯基曾经被称赞为“苏联人民的艺术家”。他亲手创办了现代木刻艺术学校，也参与了纪念碑的建造，而且还在剧院担任美术师的工作。他的每一部作品都形象鲜明，含义深刻。尤其是在木刻艺术上，他创造的艺术形象更是与众不同，给人们留下了深刻的印象，被授予列宁金奖后，他更加声名远扬，得到了很多人的认可和赞赏。

法沃尔斯基的职业发展生涯非常顺利。他几乎未遇到过任何大的阻碍，总是轻而易举就能得到自己想要的。不过，他有个很奇怪的习惯。在为一本书画插图的时候，每当要完工时，他总是在一幅画的一个角落上画上一只小狗。这样一来，无疑破坏了整幅画的风格，使整幅画都不伦不类，与整本书的风格也格格不入。美术编辑在审稿的时候，总是强烈要求他把小狗去掉，但是法沃尔斯基却常常为此与编辑发生激烈的争执。直到彼此争得面红耳赤，筋疲力尽，法沃尔斯基才会做出让步，听从编辑的意见，把小狗去掉。每当这时，编辑都如释重负，也怒气全消，绝不会再对法沃尔斯基提出任何过分和苛刻的要求。相反，编辑因为法沃尔斯基做出了让步，所以觉得很满足。编辑接下来要做的事情只是简单修改画面，但是法沃尔斯基却心中暗自窃喜，因为图画终于能够按照他所期望的样子问世，他只是损失了一只无关紧要的小狗。假如他不是以小狗扰乱编辑的视线，编辑一定会对他的插画大肆修改，让他的插画变得惨不忍睹。

没错，对于法沃尔斯基而言，编辑无疑是掌握着他的生杀大权的。虽然他可以选择不和编辑合作，但是这样对于他的职业生涯发展而言无疑会有负面影响。为此，他非常巧妙地在画作一角画上一只小狗，然后再以此激起编辑与他的争论，从而成功转移编辑的注意力，让编辑不再对他的插画动其他的心思。

从心理学的角度而言，每个编辑都想要修改作品，法沃尔斯基恰恰是用一只小狗满足了编辑的权利欲望，从而使编辑在他作出妥协放弃小狗之后，不再对他的插画提出过多的要求。不得不说，法沃尔斯基一定深谙心理学，所以才能如此成功地以小瑕疵拉近自己和编辑之间的距离，也让编辑无暇顾及他画作的其他方面，从而使他能够如愿以偿发表自己的画作。

人生在世，每个人都是完全独立的个体。一个人要想降低他人对自己的警惕，首先就要与他人形成亲近的关系。偶尔当着他人的面犯些错误，这样我们才能让自己表现得更加和善可亲，也才能在瞬间拉近与他人之间的距离。

## 学会转让光彩，不独享成就

每个人都会努力去奔向成功，那么在取得成功的那一刻，你想到了谁？无疑是那些给过你帮助和支持的人。一个人在取得成功的时候，千万不要忘记那些曾经帮助过你的人，如果你能够在第一时间想到他们，那么你将会在今后获得更多的荣誉和财富，因为你积累了人脉，而且是那些最有效的人脉。所以，在任何时候，都要记住，自己的成功要与那些帮助过自己的人一同分享。

1. 不要吃独食

在获得成功后，不同的人会有不同的反应，有的人会兴高采烈地告知自己的家人，和他们一起分享喜悦；有的人会告知自己的朋友，特别是那些帮助过自己的好兄弟、好姐妹；还有一些人会选择沉默，他们从来只会把成功归结于自己的辛劳，而将那些向自己伸出过援手的人抛在脑后，这是一个很不好的习惯。

2. 要分享经验

在自己取得成功之后，要和帮助过自己的人分享喜悦，同时也不要忘记分享你的经验，这才是实打实的喜悦。自己成功后帮助别人获得成功，这是绝对一件高尚的事。然而这件事情说起来简单，但是做起来又有几人能够心甘情愿？所以，要在平时就让自己明白，自己的成功没有别人的帮助是很难的，因此要懂得知恩图报，分享自己的成功经验帮助他人成功是理所当然的。

3. 滴水之恩要牢记

记住他人的滴水之恩也是一种境界。对为自己引路过的人的恩情牢记在心，是值得我们每一个人去追求的。

4. 分享成功，促进关系

很多时候，成功之后与帮助过自己的人分享快乐，不但能够让对方感到你有一颗感恩的心，而且能够促进彼此间的往来，使关系更加密切，这对一个人的人际交往是非常有利的。成功是每个人都会获得的，只不过每个人对成功的定义不同，但不管如何，都不要忘记了那些帮助过你的人，要记得与那些人分享你成功的喜悦。

# 第10章

# 凡事预则立，主动为自己创造好机会

在当今开放的全球化世界中，随机性和偶然性越来越大，往往变幻莫测、难以捉摸。在如此不确定的环境里，机遇也越来越多，但人们的风险意识也越来越明显，而此时，勇气便成了最宝贵的资源。人这一生最可悲的不是没有能力，而是没有勇气。凡事预则立不预则废，我们要想获得机遇的垂青，首先就要积极主动，当机遇一次次出现时，如果没有勇气去抓住，那么其他方面再怎么突出也没有用。相反有了充足的勇气，哪怕自己的条件比不上别人，成功的机会也比别人更多。

## 与其抱怨，不如创造机会改变

每个人都有着自己的梦想，都幻想着自己成功的无数可能。然而，面对手头卑微的工作，他们总是抱怨自己生不逢时，自己没有高学历、没有资本，没有贵人相助……殊不知，成功人士又何尝不是从基层做起的呢？现在的强者，何尝不是曾经的弱者？他们也不是生而就具备良好的条件，他们的成功来源于他们勇于创造条件。

如果你对当下的生活不满意，那么，与其抱怨，还不如寻求改变。进取心是人类聪明的源泉，它是威力最强大的引擎，是决定我们成就的标杆，也是生命的活力之源。美国迪斯尼乐园的创始人沃尔特·迪斯尼说："做人如果不继续成长，就会开始走向死亡。"齐白石到93岁才画了600幅画，歌德到80岁的时候才写出世界名著。进取是没有止境的，任何人都不该满足于现状，都需要不断地开拓新的领域。

想法决定活法，即便你起点低，但人生总是充满无限的可能，而且，几乎所有的成功人士，刚开始所从事的工作都是卑微的，是繁琐的，是无聊的，但他们却不忘积聚自己的实力，在长久的努力中，他们厚积薄发，实现梦想。

很多人也处于贫贱之中，如果一个人屈服于贫贱，那么贫贱将折磨他一辈子；如果一个人性格刚毅，敢于尝试，不怕冒险，那么他就能战胜贫贱，改变自己的命运。

进取心塑造了一个人的灵魂。每个人所能达到的人生高度，无不始于一种内心的状态。无论你现在做什么工作，起点有多低，都要力求更好，时时努力超越自己。希望和欲念是生命不竭的原因所在。记住无论在什么境况中，你都必须有继续前行的信心和勇气，生命的动力在于永远不要放弃。

## 脑力制胜的时代，有谋比有勇更为重要

古人云："巧妇难为无米之炊。"比喻做事缺少必要条件，很难做成。然而，从另外一个方面，这句话的意思是：做任何事，都要主动创造条件，绝不可坐等机遇。的确，这是一个脑力制胜的时代，做任何事，在于谋划，不谋不立。

诚然，我们承认，任何人想获得成功，首先需要的就

是勇气。纵观那些辉煌成功案例的背后，可以发现他们都有一个共同的特质，那就是富于激情、敢于冒险，在与风险的搏击中获得了成功。为此，可能一些渴望成功的人会认为，有斗志、有激情就能成功。其实，一个真正成功的人，二者必然是兼备的。新时代，智慧才是力量。做事离不开智慧谋略，而智慧谋略往往能够决定你究竟能获得多大成功率。打仗要有勇有谋，做事同样更是如此。在很多情况下，有谋比有勇更为重要。高尔基指出："唯有思考才能开发出智慧的潜能，才能撞开才智的大门。"

古人云："不战而屈人之兵。"这种成功，是源于智慧的力量。纵观古今，横看世界，社会的发展，人类的进步，无不闪耀着智慧的火花，显示着智慧的力量。从决胜千里外的帷幄运筹，到以少胜多，以弱胜强的大小例子；从力学、电学、光学、化学等各方面理论的建立和发展，到机械、电器、原子弹、卫星等各种发明创造，都充分证明：智慧就是力量。

凡事都以用智为上，那些只凭蛮力斗狠之人，在人生的竞技场上只能是个失败者，以至于败都不知败在何处，这应当是最可悲的。如果你一眼让人望穿，其结果是可想而知的，但是如果你能隐藏起自己的目的，采取明暗两手去做事，这样就可以化险为夷。

面对有充分准备的竞争对手，不施奇谋就无法取胜。而隐起真情，制造假象，出其不意、攻其不备，正是为了促成“乘隙潜袭”的良机。寓暗于明，寓假于真，才能避开麻烦，渡过难关，从而达到出奇制胜的目的。

可见成功总是属于那些有智慧的人，而不是莽夫。智者从不打无准备之战，因此，在决定做某件事情前，一定会挖掘足够的信息，然后才能够准确预测出“有所作为的风险”和“无所作为的风险”，这样的冒险才是最智慧的选择，才能真正使自己立于不败之地!

然而我们也发现，有这样一些人，他们凡事积极进取，做事容易欠缺考虑，就很容易走弯路，而实际上，只有用理性指导激情，才会让成功来得更容易!

克劳塞维茨说：“只有通过智力的这样一种活动，即认识到冒险的必要而决心去冒险，才能产生果断。”犹太人被世界公认为非常精明并且敢于冒险的一族，正是兼具这两种的品质，他们才能解决所遇到的危机。

凡是成就大事业的人，都是具有胆略和魄力的。冒险并不是盲目冒险，成功者应该是目的明确，在目标召唤下勇敢地去做。冒险与收获常常是结伴而行的。要想有卓越的结果就要敢于冒险。

## 想要抓住机遇，要靠自己的头脑争取

哲人说：“人生有三大憾事：遇良师不学；遇良友不交；遇良机不握。”然而，在生活中，机会并不是别人给的，而是需要自己争取的，否则，你只会错失良机。托·富勒曾说：“一个明智的人总是抓住机遇，把它变成美好的未来。”在人生的旅途中，任何机会都有可能给你带来意想不到的成功，如果你想获取成功，那就不要放弃任何一个哪怕只有万分之一可能的机会。那些坐等机遇的人，只会被机遇甩在身后；而只有那些极力争取机会的人，才会搭上成功的顺风车。当然，机会并不是什么神秘的东西，在现实生活中，能够发现机遇的人可以说是多如牛毛，但是，并不是每一个人都能够抓住机遇取得一番成就，这其中的原因就是在于发现机遇的那个人是否有争取机会的头脑。

有人说：“金子不是在哪里都会发亮的，它在不同的地方发光的程度是不同的。”在现实生活中，并不是每一位有能力的人就一定会成功，当机会不来的时候，即使你怨天尤人也都无济于事。而当机会来临时，犹豫不决，或者畏缩不前才是你平庸的症结所在。对于那些想成就一番大事的人来说，哪怕是一个小小的机会都显得特别重要。不过，若是干柴遇不到火种，便永远都不能燃烧；千里马碰不到伯乐，只能一辈子拉车……在人生的旅途中，机会是均等的，如果你想有所发展，就要善于把握机会，就要为自己争取机会。

1. 机会是自己努力的结果

任何一个机会都是平等的，机会一旦来临就需要牢牢把握，有时候，没机会也可以自己制造机会。而对于大部分的人来说，机会都是靠自己争取而来的，机会是自己努力的结果。上天总是公平的，给予我们每个人的东西都是平等的，上天又是不公平的，那些本来属于你的东西，偏偏让你经过自己的努力争取，才肯放手给你。

2. 若争取，尚有一丝机会

在生活中，有的人在事业上屡遭失败，嘴里总嚷着要努力战胜困难，获得成功。但是他们却只说不做，不自己去争取机会，如此，又怎么能够成功呢？机会是自己争取的，即使前面是一条死胡同，但如果你极力去争取了，尚有一丝机会；若放弃，那你便连一丝的机会都失去了。只有努力争取，你才有成功的可能，只说不做，只会让自己一步步走向失败。

## 未雨绸缪，规划好你的下一步

中国有个成语：居安思危，讲的是处在安定的环境中要想到可能产生的危难祸害的情况。人们用居安思危这个词来比喻要提高警惕，以防祸患。也就是说，如果人们时刻都有忧患意识，在完成事情过程中没有丝毫的懈怠，那么便能达到成功的目的，如果安于享受，抱着今朝有酒今朝醉的态度去生活，那么就可能真的招来失败了。因此，聪明的处事者都会有危机意识，懂得未雨绸缪，始终都会为自己想好下一步的路该如何走。

人活一世，无论做人还是做事，都不可能一蹴而就，我们一定要做到未雨绸缪，如果平时不注意积累，不注意修身养性，临时抱佛脚是不可能取得良好的效果的。古往今来，那些成就大事者，无论遇到什么事，都能镇定自若，即使是九死一生，也能悠闲自得，这就说明“闲中不放过，静中不落空”的功用，“临阵磨枪”“临渴掘井”，是不能从容应敌的。

我们都知道，未来是无法预测的，即使你现在春风得意，但你不能保证明天也会如此，就是因为这样，我们才要有一种危机意识，在心理及实际行动上都要有所准备，好应付突如其来的变化。如果没有准备，不要谈如何应变，光是心理受到的打击就会让你手足无措。有危机意识，或许不能把问题彻底消灭，但却可以把损失降低，为自己留条退路。

那么应该如何把危机意识落实到具体的日常生活中呢？这可以分成两个方面来谈。

1. 做好心理准备

生活中，我们常提到人们的心理素质的好坏，其实，这里的心理素质就是指的心理承受能力。在遇事前，如果我们能做好心理准备，那么，就能做好冷静处理、不慌不乱。

2. 在生活中、工作上和人际方面有以下的认识和准备

生活中，我们总是在担心一些事情，如何才能解决现在经济上的问题？这件事失手了怎么办？万一自己的身体健康出了问题，又该如何办呢？

其实，我们该想到的意外情况，远不止以上列出的几种，担心并没有用，我们要做的不仅是要有危机意识，还要做到未雨绸缪，预先做好充分的准备。尤其关乎前程与一家人生活的事业，更应该有危机意识，随时把“万一”握在手心里。

不知你现在所处的状况如何，是忧患呢？还是安乐呢？忧患不足以让人畏惧，倒是安乐才是人生真正的大敌！

# 第 11 章

# 事事靠自己并不可取，成功者往往懂得借势

相信我们大部分人都渴望成就一番事业，然而，不少人失败了。为此，有不少人埋怨“为什么有些人能力平平，却能平步青云，拥有财富，成就梦想？”其实，这是由于他们善于运用智慧的大脑，他们善于借助他人的力量，也就是“借势”。成功的路上有千难万阻，一般的人财力、智力有限，难成大业，也可能在翻爬滚打中伤痕累累，但善思者行，懂得借势，适时调整计划，那么，成功便成了水到渠成的事了。

## 成功没有捷径，但懂得借力的人就有

生活中，相信不少人都听过长辈们这样的教诲：凡事靠自己！意思是鼓励我们独立自主，靠自己的努力寻求成功。然而，我们每个人都不是生活在自己的小世界里，都必须接触社会，而一个人要想成功，靠单打独斗已经不可能。俗话说“一个篱笆三个桩，一个好汉三个帮”“在家靠父母，出门靠朋友”。世界首富比尔·盖茨经常被问到，如何成为世界首富？他每一次的回答都是，因为我请了一群比我聪明的人来帮我工作。所以说，一个人的成功并不取决于他本身的力量有多大，而是取决于他能够借助别人力量的能力有多强。因此，如果你觉得脚下的路太难走，很有可能是因为你没有找到捷径。现代社会，我们任何人，想要拥有财富，也要懂得借力，要懂得与人合作。

我们先来看下面一个故事：

小王从小就有个梦想，那就是当一名演员。如今，他遇到的苦恼是，虽然自己长相很好、也很有实力，但一直缺少个崭露头角的机会，那些名导演、名制片人似乎都不愿意与人合作。因此，提高自己的知名度是他当下的首要工作。他非常需要一个公共关系公司为他在各种报刊上刊登他的照片及有关他的文章，但是他没有钱，也没有机会。

一次偶然的机会，他在朋友的聚会上认识了小莉，小莉是个很会交际的女孩，她曾经在纽约一家最大的公共关系公司工作过好多年，不仅熟知业务，而且也有较好的人缘。几个月前，她自己开办了一家公关公司，并希望最终能够打入公共娱乐领域。但是让她烦恼的是，到目前为止，一些比较出名的演员、歌手等都不愿与她合作，她的生意主要还只是靠一些小买卖和零售商店。

于是小王和莎莉文立即联手。小王成了小莉新公司的代理人，而她则为他提供出头露面所需要的经费。这样小王不仅不必为提升自己的知名度花钱，而且随着名声的扩大，也使自己在业务活动中处于一种更有利的地位。同时小莉也借助小王的名气变得出名了，很快就有一些有名望的人找上门来。二人各取所需，合作达到了最高境界，他们的关系也因此变得更加牢固。

从小王的故事中，我们不难发现，当今社会如果你想成功，如果你想获得财富，那么，你就必须学会与人合作，而人脉的最高境界就是互利共赢，合作的前提也是。

俗语说：单丝不成线，独木不成林。任何大事都是由多人合作完成的，不是个人的能力问题。没有李鸿章等一批将才的帮忙，曾国藩很难完成挽救晚清的大业；没有汉初三杰和豪杰们的合作，刘邦不可能建立汉朝；没有桃园三结义，刘备怎么可能三鼎天下；没有瓦岗排座次，褐衣公子如何会有成就，由此可见合作的重要性。

那么，我们该如何通过与人合作呢？

1. 消除心理成见

可能你会认为，这样建立起来的友谊不就是功利性的了吗？可是，哪一段友谊又能完全摒弃功利呢？完全没有功利色彩的友谊是不存在的。举个很简单的例子，当你认为某个人身上有你没有的技能时，你会选择与之结交，但当你发现他其实是个腹中空空的草包时，你恐怕对他也不会有多大兴趣。然而生活中，我们经常听到一些人抱怨朋友不讲交情，不够哥们儿。其实，引起抱怨的主要原因就是自己的某种需求没有得到满足，而这种需求何尝不是功利性的呢？

2. 学会为人所用，体现自己的价值

“被利用”的价值，这个词听起来好像也过于功利了，而人际关系心理学家认为，只有互惠互利的人际关系才是健康的、长久的。虽然我们的社会提倡奉献和利他精神，但这是一种最高层次的人际交往境界，很难要求所有人都做到这一点。

朋友之间的关系不是索取和奉献，而是彼此互求互助。由此可见，如果你想赢得朋友，那在你们之间必须有种互利关系，这是牢固你们关系的根本。

人之所以需要与人交往，多半时候都是想从交往对象那里满足自己的某些需求，这种满足，既有精神上的也有物质上的。所以，按照人际交往的互利原则，人们实际上采取的策略是：既要讲感情，也要有功利。可以说，人际交往中的互惠互利原则合乎我们社会的道德规范。

当然，好的人际关系还需要你用心来培养，只有用真诚和爱心，才能巩固起你的人际关系，也只有团结他人，你手中的力量才会更强大。一个人无论多么能干，多么聪明，多么努力，但如果不能或是不愿意与团体一起合作，日后也绝不会有什么大成就。

## 思维灵活，以最快的速度解决问题

现代社会，所有人与人之间的竞争都可以归结为头脑的竞争，也就是思维。因为它不仅会催生创意，指导实施，更会在根本上决定成功。而更让我们没有意识到的是，思维决定行动，我们做事的效能如何，也取决于我们的思维活动。

任何一个人，无论做什么事，要想改变和优化结果，首先就要从改变思维开始。而我们在寻找解决问题的方法时往往倾向于把事情考虑得过于复杂化，其实事情本质是很单纯的。表面看上去很复杂的事情，其实也是由若干简单因素组合而成。卡曾斯说："把时间用在思考上是最能节省时间的。"这是一句非常有哲理的话。通俗的说法是做事要动脑子，对一件事情分析得不透彻，就很难找到正确的方法，就不能对症下药，自然就无法以最短的时间达到目的，可以说思考是提高效能唯一的捷径。为此，在我们的工作和生活中，我们每个人都应该养成多动脑的习惯，从而以最快的速度解决问题。

的确，思路一变天地宽。很多时候，在你看来似无路可走的情况下，只要你能转换思考的角度，你就能找到出路。

某时装店的经理不小心将一条高档呢裙烧了一个洞，其身价一落千丈。如果用织补法补救，也只是蒙混过关，欺骗顾客。这位经理突发奇想，干脆在小洞的周围又挖了许多小洞，并精于修饰，将其命名为“凤尾裙”。一下子，“凤尾裙”销路顿开，该时装商店也因此出了名。

很多时候，一个金点子，花费不多，却拥有着点石成金的力量。只有看到别人看不到的东西的人，才能做到别人做不到的事。灵活的头脑和卓越的思维为我们提供了这种本领，深入地洞察每一个对象，就能在有限的空间，成就一番可观的事业。

这就是思维的力量，我们也应该锻炼着自己的头脑，扩展了自己的眼光和思维。因为这是一个脑力制胜的年代，谁的想法更高明，更有效，谁就更容易高效能地做事，也更容易提升自己的价值。

事实上，我们任何人无论做什么，都要有灵光的头脑，善于创造性思维，不能钻牛角尖。这条路走不通，何不尝试下反过来思考，先找问题的本质？思维一变天地宽，勤思考，善于逆向、转向和多向思维的人，总能找出解决问题的方法，总能以最少的力气，达到最满意的效果。

然而，人的思维方式常常受制于既有的知识和经验，你怎么想问题和看问题是很难从既有的知识和经验中跳出来的，这就是法国心理学家缪勒发现的“思维定势”。他提出，在人的意识中曾出现过的观念，有不断重复出现的趋势。这正应了生物学家贝尔纳的一句话：“妨碍人们学习的最大障碍，并不是未知的东西，而是已知的东西。”

事实上，生活中，很多人之所以在某些事情上失败，就是因为他们一直在做无用功。如果你也是个不爱动脑的人，那么，你不妨学会思考，你就会发现积极思考的惊人力量，任何困难和失败均能通过思考来解决，即使是那些杂乱无章的事情，只要你运用思考的力量，也能将他们一一捋顺。思考不是“无用功”的代名词，而是“节能、省力”的法宝，因为能以积极的思维去摆脱困境，化解难题。

总之，面对看似杂乱无章的事情，只要你能开动大脑，跳出习惯的思维框框，就能抓住问题的实质，得出不寻常的答案。

## 盲干的人凡事靠自己，聪明的人懂得借力

现代社会不提倡个人英雄主义，是因为一个人即使能力再强，也不可能完全依靠自己的力量做好所有事情。所以朋

友们，永远不要把自己当成救世主，哪怕你在工作中表现非常突出，也不要总是压制其他的合作伙伴。要知道，唯有真正地融入团队之中，我们才能更好地发挥自身的力量，也能借助团队的平台，让自己事半功倍。所以我们说，聪明的人是会借力打力的，只有愚蠢的人才一切都靠自己，最终导致自己陷入被动之中，无法扭转局势。

也许有些朋友会说，难道我们必须依赖他人吗？当然不是，借力与依靠他人完全不是一个概念。我们当然要更多地依靠自己，做到自立自强。这里所指的是在团队的生活与工作中，我们要借助于集体的力量，才能真正做到融入团队之中，让自己的力量也能成倍增长。尤其是在团队中，我们更不能搞个人英雄主义，否则就会与团队格格不入，导致受到团队其他成员的孤立和排挤，这无疑是得不偿失的。

毫无疑问，每个人在社会上都应该做到自立自强，然而，每个人又无法做到完全独立。整个世界就如同一张关系错综复杂的大网，我们都生活在这张网里。人是群居动物，如果说农耕时代人更能够依靠土地而做到自给自足，那么现代社会各行各业关系越来越密切，人们生存于人群之中，与他人合作密切、关系密切。所以现代社会每个人要想更好地生存，都需要依赖于他人，求助于他人。每个人与其他人之间都有着千丝万缕的联系。正所谓我为人人，人人为我。我们在服务于他人和社会的同时，也在从他人和社会中索取，为我们的生活创造便利。因而，现代社会，一个人决不可以说自己“万事不求人”。认识到这一点之后，我们就不会因为沉重的心理压力导致向他人求助时尴尬难堪了。

从古代社会到现代社会，有很多知识分子都喜欢清高。他们不愿意与官场上的人同流合污，只愿意凭借自身的实力为自己代言。殊不知，这样的思维到了现在早就应该转变了。现代社会有很多成功学大师，他们全都无一例外地提醒人们一定要经营好人际关系，还要抓住一切机会结识那些贵人。这正是他们的成功策略，即借力打力，最终让自己顺势而为，获得最好的结果和最大的成功。细心的朋友们应该可以看到，每一个成功者的人际关系处理地都很好，而且他们还有丰富的人脉资源。他们振臂一呼，应者云集，也是因为他们不但能够赢得贵人的认可和赏识，而且也真正降服了下属。所以朋友们，一定要记住最大限度发掘人脉关系的力量，为自己的成长和成功搭建天梯。

# 巧借强者之势，提升自己的气场

很多时候，我们都会有这样的感觉：当我们对于某件事物有了较为深刻的认识，或是在某一领域获得一些成绩时，便希望在众人面前有所展现，获得大家的肯定与赞美。然而，有时却会遭遇这样那样的尴尬：有的人认为像我们这种名不见经传的“小卒”能有什么独到见解、高深造诣，不过是在王婆卖瓜；有的人对我们的观点或成绩将信将疑，尤其当我们推翻某些权威的论证、某些约定俗成的观念时，他人的怀疑更是会接踵而至。而一旦他人对我们产生怀疑或不理会我们，那么我们再怎么表现、再怎么证明自己，都会使我们在他人的心中的印象变差，对我们自身的气场乃至日后的社会交际，产生消极影响。

这个时候，我们不妨学学“狐假虎威”故事里那只聪明的狐狸，找只老虎靠一靠。当人们怀疑、否定我们时，我们可以请人们眼中的权威人士为我们“代言”，让我们的言论更加令人信服；借助强者的威势，使我们的气场更强大，更加震慑人心。战国时期的苏代，曾经用一个故事打动了淳于髡，让其成为自己拜见齐王的引荐人。而这个故事，说的正是“狐假虎威”。

说起苏代，可能有的人对他的事迹不太了解，但提起他同族的兄长，那可是中国历史上鼎鼎大名的人——战国时期提出合纵抗秦、凭着自己三寸不烂之舌搅弄风云的纵横家苏秦。苏秦为政时，苏代眼见哥哥在七国之间斡旋联系，实现了志向，便也开始发奋学习，专攻纵横之术，后来也成为了一位成就显著的纵横家。

有一次，苏代作为燕国的使臣，前去游说齐国。当时齐国的国君是齐威王，威王手下有一名声望颇高的客卿，名叫淳于髡。苏代一时苦于难以面见齐王，便想办法找到淳于髡，对他说："我曾经听说过这样一个故事。有一个人有一匹矫健俊美的骏马，牵到集市去卖。可由于人们都不知道他的这匹马是宝马，一连三天，都没有人愿意将马买走。卖马的人急着用钱，不能再这样等下去，他急中生智，找到了伯乐，对伯乐说，'先生，我有一匹宝马良驹，现在想要卖出。可是，由于无人识此宝马，我在集市足足卖了三天，竟无有识货者问津。因此，我想请求先生帮我一个忙。您只须在集市中当着大家的面绕马一圈，作观察状；离去时，再回头看一眼我的马即可。相信这样的事对您来说不过举手之劳，但我愿意重重酬谢。'伯乐答应了卖马人的请求，来到集市，照卖马人说的做了一遍。果然，伯乐刚走，人们就蜂拥而至，抢着要买这匹马。就这样，这匹骏马最后的售价，竟比卖马人原本的报价高出了十倍。”

“淳于大人，如今小可身负燕王使命，如同手持‘骏马’欲献予齐王。但小可苦于无人周旋引荐，难以得见齐王威颜。先生可愿做小可的伯乐，为小可引荐一番？为报先生劳苦，小可愿奉上白璧一对，黄金千镒。”

淳于髡听后，笑道：“愿为足下效劳。”于是，他进入齐国王宫，向齐王引荐了苏代。

这个事例中，苏代就是用一个故事来打动淳于髡为他引荐，然后巧借了淳于髡的东风。苏代本为燕国使臣，受命于燕王，奔走于各国之间。淳于髡则为齐国客卿，效力于齐国。对于齐国臣民和齐王来说，苏代的名声本就不如淳于髡响亮；而苏代此行，其背后的真实目的也让齐国人心生疑虑，不敢完全相信于他。有了淳于髡的引荐，齐国上下对于苏代的信任度便大大提升，也就更容易以一种客观的心态来接纳他的言论。

韩愈的《马说》中云：“世有伯乐，然后有千里马。千里马常有，而伯乐不常有。”这句话，深刻地揭示了一个道理：有才华的人想要获得表现机会，想要在表现时获得人们的认可和肯定，很多时候需要权威者来为他发声，为他博得人们的眼球。世间“千里马”不计其数，但唯有遇到慧眼识珠之人，才能被发现、被推荐。我们若一砖一瓦都靠自己去搭建，必然困难重重；但若能获得权威者的帮助，则局势立刻大改，可收到“四两拨千斤”的奇效。

那么我们在日常的人际交往中，当我们的成绩被人质疑、才华不被肯定时，我们又该如何借助强者的威势，打造我们自己在众人心中的强大气场呢?

1.“狐假虎威”，有何不可

有些人心中会存有疑虑，觉得刻意依附权威者、依靠权威者让众人认识，有些“折节”的意味。但其实，这样的观念不仅在现代落后，就连古代的有识之士们也不会墨守如此的陈规。一只“狐狸”想要让众人刮目相看，只能先找一只“老虎”，借助他的力量让大家认识你，有感于你的才华。当你变成“老虎”的那一天，在你面前只会有更多的“狐狸”来依靠你、学习你当年的智举，而不是那些无谓的耻笑和鄙夷。

2. 别人点头，你要低头

借助他人的力量表现自己，为的是展露才华、赢得机遇，以谋求更广阔的天地；而不是为了时时成为众人的焦点，刻刻过着众星捧月的瘾。当权威者为我们引荐，我们获得了他人的肯定以后，要及时表现出低调、随和的一面。他人已知道你才高八斗，你又何必继续“年少轻狂”，为自己的社交增添阻碍。

3. 真材实料，才可借势

当今社会，越来越多的人已经懂得借助权威力量展现自己。而只有具备真才实学的人，才能经得起日后的考验，才能获得真正的成功。不学无术之人，凭借强者的威望，虽可一时得势，但纸包不住火，终有一日会现出原形。此时，不仅众人不齿，推荐他的权威者也会感到受欺、损颜面，以后再想翻身，或是借助权威者的力量，恐怕更是难上加难。

如今社会发展迅速，已经到了“酒香也怕巷子深”的激烈竞争时代。有人感叹怀才不遇，有人借力扶摇直上。两者之间，只是差了一位伯乐，差了一位能够将他推荐给众人的权威者。在强者的陪伴下，即使气场再弱的人，也会不自觉地受到影响，挺胸抬头，让他人感受到完全不同的力量。而在强者的引荐下，当我们获得了众人的肯定与赞美，我们进一步强化的自信会让我们的气场更加强大。

# 第 12 章

## 别以为职场升迁可以混出来，自身努力才是成功关键

当我们走入社会，进入职场，我们就需要接触领导和同事。因此，如何和领导、同事搞好关系、提升我们的人气，事关任何一个职场人的职场前景。正是因为如此，很多人认为，职场就是“混”出来，那些领导和上司也是因为善于“混”而出人头地的，其实不然，职场人际固然重要，但职场更是靠实力说话的地方，自身努力才是你赢得认可的关键，因此，我们每个人尤其是初入职场的年轻人，一定要摆正心态，要做到低调做人、高调做事！获得同事与领导的支持，你的职场之路自然会顺畅很多！

## 不断完善和学习，凭实力说话

当今社会，随着知识、技能的折旧越来越快，不断学习、不断更新知识已经成为职场人士保鲜的一个重要方面，是否能适应激烈的竞争环境并不断完善自己也已经成为一个职场人能否担当大任的重要考核因素。因此，作为下属的我们，也只有不断学习，才能成为领导眼中的有才之人。要知道任何一个领导，都对那些愿意学习的人持良好的态度。也就是说，你不必一味地想去和领导搞关系，不要认为“混”得好就能出头，事实上，领导需要的是有工作能力的人，做好你的本职工作，不断完善自己，让所有人对你的工作都有最高的评价，那么领导也会对你赞赏有加。

小周是某大型企业的一名员工。高考失利后，十八岁的他就进了现在的这家企业。因为学历的原因，他只能从事最简单的产品装配的工作，但他不甘心，于是利用上班之余的时间，他拿起了书本，自学了很多与该产品有关的知识，并自考了一些其他课程。

转眼，小周已经工作五年了。这家企业每五年会举办一个大型的青年知识大奖赛，参加这次比赛的人多半是一些高学历的人，但小周还是报名了。他的参赛作品是关于公司生产部门的机器流程改造图。公司高层一见到这幅图，就惊呆了，一个生产流水线上的工人怎么可能会制作出如此让人惊叹的图呢。于是，他们找来小周，就图纸进行了一番理论讨论，他的说明，让在座的领导们都瞠目结舌。“我看你的简历，你只不过是个高中毕业生啊，怎么会……”

“是这样的……”

听完小周的叙述，众领导一致表示：“单位的员工要都是有你这样的学习精神，该有多好。”

很快，小周就收到通知，他被升为了技术主管，负责他所提出的这一项目的改造工程。

这则职场故事中，我们见证了一个普通员工的升迁过程。员工小周之所以会被领导赏识，在众人中脱颖而出，就在于他不断学习、不断完善自己的知识结构，充实了原本知识不足的自己。

身处职场，总是有些人会抱怨自己怀才不遇，他们抱着每天得过且过、混日子的工作态度，不但迷失了个人奋斗目标，而且对公司的影响是负面的，他们总是不断被周围的新人赶上甚至超越，于是，他们落伍了。

从自身发展的角度看，我们的职场命运掌握在领导手里，要想获得领导的认同，就必须要不断学习，让领导发现我们的素质与涵养。具体来说，我们需要做到以下几点：

1. 要敬业

这里有三方面的技巧要注意：

（1）工作中，要表现出自己对工作的敬业、毅力、恒心等。

（2）有效率地工作。努力工作的敬业精神值得提倡，但必须注意效率，注意工作方法，否则就是事倍功半。

（3）会表现，让领导看到你的努力。敬业也要能干会“道”，不必要做那种永远的幕后英雄和那种吃力不讨好的事。

2. 善于服从

下级服从上级本来就是天经地义的事情。这是一种个人职业素养的体现，更体现了我们对同事、领导的尊重，对单位和企业的认可，而更为重要的是，这也是一种敬业精神的体现。

这里的善于服从，指的是：

（1）随时听候领导差遣，鞍前马后。

（2）努力完成好领导布置的每一项任务。

（3）主动争取领导的安排。要知道，很多领导并不希望通过单纯的发号施令来推动下属开展工作。

（4）主动请缨。当领导交代的任务确实有难度，其他同事畏手畏脚时，而自己有一定把握时，应该勇于出来承担，以此显示你的胆略，勇气和能力 。

（5）工作要有独立性。领导每天要处理很多事务，因此，每个领导都希望自己的下属能为自己排忧解难，帮自己处理一些工作中遇到的难题。下属工作有独立性才能让领导省心，领导才有可能委以重任。合适地提出独立的见解、做事能独挡一面、善于把同事和领导忽略的事情承担下来也是好下属必备的一些素质。

（6）要多多请示。聪明的下属，总是善于在关键的地方，恰到好处地向领导请示，征求他的意见和看法，把领导的意志融入正专注的事情。这是下属表现自己虚心请教和学习的办法，也是下属做好工作的重要保证。这样既体现了自己对领导的重视，也体现了自己对待工作的严谨、细心。

3. 多看到自己的不足，而不是别人的缺点

人都有自己的优点；再怎么优秀的人都有自己的缺点。与我们相处的同事和领导都是人，也会存在一些缺点，职场

人士所处职场风云变幻，同事相处要“以和为贵”。因此，不要私下或者公开场合对同事的某些缺点发表言论。另外，我们要以人为镜，多看到自己的不足，这样才能对症下药，进行完善自身的不足之处。

4. 韬光养晦，低调谦虚

职场相处中，同事在共事中发现你的优点，向你表示钦佩的时候，千万要记得说“谢谢”。然后真诚的告诉你的同事“其实这个没什么，你也可以的”。简单的“谢谢”会给你的同事发自内心的赞叹。

如若我们能做到以上几点，不断学习，不断充实自己，那么定能获得领导的认同，并得到其重用！

## 你的上级，一定有其过人之处

生活中，三五好友聚在一起时，我们常常会谈论谁“混”得如何。在不少人看来，一个人能否获得成就，就是来源于“混”，这里所谓的“混”，指的是通过打好与上司的人际关系来获得晋升。然而，难道你的上司之所以成为上司，真的就是“混”出来的吗？

实际上，上级之所以能成为上级，一定有他的过人之处。在一个单位中，上级往往是最大的风险承担者，除了要应对外界的竞争，他们还要打理方方面面的关系。可以说，身为领导所面临的压力是普通员工所无法想象的，而从这个角度来说，我们可以说，上司的晋升绝对是经过了重重选拔和能力的考验，而绝不是我们认为的混来的。

无论我们从事怎样的职业，当我们跨入职场的那一刻，我们就要找准自己的位置，绝对不可耍小聪明。可能你会认为，与领导的关系越亲近，对我们的职场生涯会越有利。这是一种错误的认识，你要明白，你是上司的人，但上司却不一定是你的人。

小郭是个很会说话的人。大学期间，他担任了四年的学生会干部，与学校领导关系很好，于是，毕业后，他被领导顺利地推荐到现在的单位。刚上班不到两个月的时间，他就在办公室混熟了，连顶头上司王主任也很欣赏他，认为他工作能力强，会为人处世。很快，二人便以兄弟相称，一起出入各种场合。

有一天，公司高层下发一个策划任务，需要小郭所在的部门完成任务。为了尽量让策划案尽善尽美，每天小郭都加班到深夜。经过一个星期的努力，策划案终于完成了。

他和王主任一起拿着成果去找项目经理交流意见，没想到，经理居然劈头盖脸地问："这是你们谁的策划？"小郭高兴地说："是我和王哥两个人一起努力的成果。"

不知为什么，经理一听到小郭说这话，居然瞪着小郭，这时，王主任过来挡在前面说："没有，他只是帮我查一下资料，这都是我做的。"一听上司想揽功，小郭不高兴了，还一个劲地说自己做了什么，他并没有看出其中的缘故，直到经理把方案全丢在了地上，他立刻傻了。

"你这东西卖给谁，谁都不会要，公司养你们是干什么吃的？"挨了一顿批以后，两人一起走出办公室，王主任对小郭说："你怎么那么笨，都给你使眼色了，我和他之间有恩怨，但没想到他会这样报复我，我揽下事情，你干嘛还喋喋不休？以后说话前动点脑子，别把什么都说出去。"

小郭觉得特别委屈，自那以后，王主任也冷落他了，公司也决定把他调到客服部门担任一个可有可无的差事。

这则故事中，小郭可谓是自作聪明，他以为拉近和自己顶头上司间的关系、与上司站在同一条战线上，就能够迅速在公司站稳脚跟。但其实，他的这种想法是错误的，因为你所在的公司并不是只有你的顶头上司这一位领导，当你和他站在一条战线上时，无疑就成了和他有过节的那些领导的敌人，甚至在这些领导中，有比你的领导级别更高，权力更大的人，他无法拿你的领导开刀，但对付你却绰绰有余，而你，也就成为了权力斗争时的替罪羔羊。

另外任何一个领导，都希望自己的下属能凭真本事、凭业绩获得认可，而对于成天想着混出名堂来的下属，他们和其他下属的眼睛也是雪亮的，明目张胆地与领导关系亲密，更是危险多多。

那么具体来说，我们该怎样与领导相处呢？

1. 以提高自己的工作能力来获得认同

毕竟任何一个企业，看重的都是员工的工作能力和办事效率。领导也是如此，可以说，领导对我们的态度，也和这点有很大的关系。如果领导认为下属办事能力强、责任心强那么，他就会接纳、欢迎、鼓励下属的积极交往。反之，如果上级认为下属的素质一般、能力平平，积极交往于自己的领导工作无多大裨益，他就会对你表面上客客气气，实际上则有意疏远你。

所以作为下属，在与领导相处的时候，不妨多请教，当你提高了自己的工作能力，能够胜任多个方面的工作，成为单位中不可缺少的骨干人才时，领导就会对你赞赏有加。

2. 与同事、与领导交往，公私分明

如果你与上级、同事关系好，那么你千万不要得意忘形，而应该做到公私分明，应该既有工作角色也有朋友角色，但要把握好分寸，公事就要公办，私事只能私办，不能以感情代替原则。而如果与领导的非角色关系过于密切，其原则性就会丧失，甚至发展到以感情代替原则的地步。这样做的结果，不但损害了双方的工作形象，而且还降低了领导的威信，在群众中产生不良的影响，更为严重的可能还会为企业带来某些损失。

总之，身处职场，我们一定要搞清楚自己位置，更要调整好自己的心态，凭自己的真本事说话，这样就不会引起领导的反感，也会在工作中避免很多不必要的麻烦！

## 明哲保身，远离职场斗争

现代社会，人们的生存压力越来越大，人与人之间的竞争也越来越激烈。这也直接导致我们在职场上，必须更加绞尽脑汁地为自己谋划才能生存下来。毫无疑问，职场上的人际关系是最错综复杂的，也是最微妙的。各个层级的领导之间，与同事或者下属之间，形形色色的关系让我们应接不暇。尤其是当事情牵涉到多方利益时，我们就会更加为难，根本不知道自己到底应该如何做。

现代职场，很多公司内部都拉帮结派。作为微不足道的小棋子，如果没有人在乎我们还好，如果陷入各种势力的旋涡之中，则一定会左右为难。偏偏我们谁也不想得罪，更不想因为跟错了人、站错了队，导致自己的职业生涯陷入被动之中。在这种情况下，如果我们因为工作原因不得不与其中一位上司打交道，那么就会更加纠结。其实，我们最明智的做法就是保持中立，这样才能左右逢源，不得罪任何人。当然，中立的立场也是很微妙的，唯有保持合适的分寸才能成功，否则就会前功尽弃。此外，我们为了避免被职场上的各种明争暗斗的势力误伤，一定要注意千万不能让任何一方误解，使他们误以为我们是另一方的人。否则，我们就是两头不讨好，一定会输得很惨。

人际关系在现代社会非常重要，我们要想在职场上如鱼得水，游刃有余，就必须搞好人际关系，与每个人都和谐融洽相处。现实生活中，我们常常羡慕某个人的特立独行，他似乎游走于世外，可以和每股势力搭上话，但是又绝不和任何一股势力走得过于亲近。对于这样的人，我们很难将其定义为某个势力范围内，但是奇怪的是，各个势力范围都对这样的人颇有好感，甚至还带着讨好这种人的意味。这就决定了这种人不管做人做事，都会得心应手，而且还能够得到很多人的认可和赏识。不可否认，这样的人一定是协调高手，所以才能把复杂的关系处理好，也才能保全自己成就自己。

1968年，美国举行总统竞选。基辛格垂涎内阁的位置，思来想去，想出了一个好办法。他告诉总统候选人尼克松的竞选团队，他知道很多内部情报，而且很愿意将这些情报提供给尼克松的竞选团队。当时正值竞选的关键时刻，每个总统候选人都愿意多一个人来支持自己。因此尼克松的竞选团队当即允诺基辛格，只要尼克松成功当选总统，就会让他坐到内阁的位置上。

几乎在同一时间，基辛格也向民主党候选人韩福睿抛出了橄榄枝。韩福睿听说基辛格知道很多内部消息，因而当即询问关于尼克松团队的消息。为此，基辛格原原本本地把尼克松的所有事情都对韩福睿和盘托出。他这么做恰恰使他成为这场竞选中唯一只成功不失败的人。因为不管韩福睿还是尼克松成功当选美国总统，内阁的位置都非他莫属。最终，尼克松当选美国总统，基辛格理所当然成为内阁总理。不过，他很清楚总统的任期是有限的。所以，他与尼克松始终保持着距离，不远不近，态度也不卑不亢。这样，等到尼克松任期结束，福特上台时，福特虽然撤换掉很多尼克松的心腹或者是得力干将，却保留了基辛格。原因就在于，基辛格在尼克松在任期间，从未与尼克松走得过于亲近。

毫无疑问，基辛格是非常聪明的。他通过出卖情报，顺利地得到国务卿的职位，但实际上他却并没有做什么真正有意义的事情。后来，他又理智地与尼克松总统保持适度距离，所以才能在尼克松任期结束后，依然得到福特的重用。职场上，我们要想不得罪人，就必须与各个上司之间保持相同的适度距离，这样才能避免亲疏之分。

职场中为了避免无意中得罪领导，我们还要管好自己的嘴巴。当遇到某个同事明目张胆地说某个领导好，而某个领导不好的时候，我们最好当做没听见。否则，很有可能某一天那位同事的过激言辞在传到领导耳朵里时，就会变成是我们所说的。这样一来，我们无形中成为炮灰，变成了真正的“惨死”，也实在是太冤屈了。所以朋友们，人在职场，一定要谨言慎行，远离是非和谣言，明哲保身。

## 制订目标，清晰你的职业方向

年轻总是迷茫，总是希望找到一条可以迅速到达理想境界的道路，于是，人们给自己做人生规划，做职业定位，然而“欲速则不达”，我们常常会发现自己的职业定位往往固定了自己的思想和发展方向，使自己的人生进入了僵局。

人生就像棋局，形势时时刻刻都在变化，如果不能随时调整自己的前进方向和前进速度，你的人生局势就有可能产生偏差。年轻人一定要有自己的职业定位，以确保一个正确的前进方向。对于人生来说，最大的悲剧就在于没有方向感，茫然地前进，到了生命的终点，也不知道自己想达到一个什么目标。

不管你对自己的职业定位是否准确，你都应该有一个职业定位，因为这是你前进的动力。它让你对自己的人生有方向感，有种人生尽在掌握之中的感觉；这使你此刻有着清晰的思路，无论对错；这可以帮你养成一个良好的习惯，即先计划再做事，在计划过程中一阶段一阶段地去完成任务；同时，这也可以带给你一种成就感，这种成就感会使你有一种成功的愉悦，促使你不断进步。对自己有更清醒的认识，随时调整自己的前进方向，能够帮助你达到更高的人生境界；

帮助你活得更广阔，发展得更快。

虽然职业、工作、职位这些都非常重要，但是，比起个人价值的实现来说，这些都不是最重要的。所以，职业定位要有，但一个人不能被工作、被职业定位定型。

职业定位不是静态的，而是动态的，如果自己的能力已经发生了重大变化，有了很大的发展与进步，或者工作生活环境发生了重大变化，就需要重新定位自己。就像一个乞丐偶然中了500万元，难道还要乞讨度日吗？时时刻刻审视自己取得了哪些进步，看看自己目前的定位是否已经不适合自己了，是否需要一个更高远的目标，这些对于我们实现自我价值都是很重要的。

定位并不是确定一个固定的位置，而是确定一个或者多个目标，当然这些目标最好在一个方向上，然后用最简捷的方式去接近这些目标。职业定位，定位的是接近路线，而不是将你的人生被工作束缚住、被自己的定位束缚住。不能自主，是定位的最大误区。这就像你要去远方摘一个苹果，结果千里而来发现树上结的是桃子，难道你要空手而返，而不是顺手摘一个桃子吗？

时刻以自我价值的实现去衡量你那些所谓的职业定位，可以让你不被职业规划所误导，可以让你把握住更多的机会。成熟的人懂得去摘取那些人生需要的果实，而不是想要的果实，这样即使没有得到想要的，也不必后悔。

## 职场成功的捷径之一是模仿

这是一个崇尚特色、彰显个性的时代，人云亦云、亦步亦趋则只怕会被人嘲笑。于是，每个人都竭力地想表现出一个与众不同的自我，想走一条不随大流的小径；然而小径多荆棘、坎坷，不但一路行来磕磕碰碰、遍体鳞伤，而且还耽误了宝贵的青春。那么为什么不寻找一条捷径呢？这捷径便是模仿。

不要认为模仿便低人一等，在没有能力创新的时候，模仿也是一种能力、一种本事。模仿可以借鉴他人的成功范例，学习他人的成功经验，令自己少耗费时间、少走弯路。其实，人类的历史便是一个不断模仿、超越和创新的过程。人们在模仿中提高自身的能力，加上不断的创新和改进，最终形成自身的特色。人类模仿鸟儿在天空飞翔，最终发明了飞机；人类模仿鱼儿在水中潜伏，最终发明了潜水艇；腾讯以模仿美国的即时通信起家，最后竟然远远超越了即时通信，最近听说这“学生”还要收购“老师”呢！

古今中外，多少人和企业以模仿起步，最终实现了超越和突破。最近风靡于国内外的模仿秀节目中，许多人因模仿名人的出色表演而声名大噪，最终名利双收。他们有的满足于做山寨翘楚，有的则一战成名，踏入了娱乐圈：如因模仿赵本山而出名的“赵本水”；因模仿一曲《我只是个传说》而蹿红网络，最后被本山大叔高调收为入室弟子的张仪天；因模仿杰克逊而出名，如今身价倍增、频繁出演，甚至与国际巨星维塔斯共同拍摄电影《一夜成名》的浩天等。他们都是以模仿别人开始，最终实现了自己的人生梦想。

当然，正如俄国著名作家克雷洛夫所曾经说过的那样：“模仿别人，必须头脑清醒，然后收效才能宏大；可是没有头脑的模仿，却要铸成大错。”模仿加上创新，变成自己的模式，并在实际操作中根据具体的情况不断改进，才能保持生命力的长盛不衰，否则也难免面临被淘汰的结局。

## 适时回头，与其煎熬不如及时转行

无论对于求职成功还是创业的人来说，“转行”都不是轻易能说出口的字眼。就像一个运动员，已经跑出了一大截，突然要求他回到起点，重新来过，这对任何人来说都不是一件轻而易举的事情。但是当目前的职业或工作已经妨碍了你的成长，或者看不到未来的希望，变得犹如一块食之无味、弃之可惜的鸡肋时，转行也许不失为一个明智的选择。

与普通的跳槽转行不同，前者只是简单的地点上的转换，从一家公司转换到另一家公司，而从事的依然是以前的工作；而后者则是职能或行业的大跨越，甚至有时是两者结合的根本性转变。对于一个以前从未接触过的岗位或行业，心有顾忌自然也是理所当然的。但是当你目前所从事的行业已经没有了前途，或者你已经完全对它丧失了兴趣，工作对于你来说已经变成一种煎熬时，为什么还要死死地固守阵地、毫不动摇呢？硬撑终究不是办法，最后不但无法获得事业上的成就，也白白地荒废了青春。

吴岩在大学时学的是市场营销专业，因为气质好、形象佳，加上外语又出色，所以毕业后顺利地在一家大公司找到了一份秘书工作。但是由于人漂亮，她受到了上司的骚扰。于是没过多久，她便辞职了。

找工作对于吴岩来说并不是一件难事，但她两年内换了三家公司，都遇到了同样的问题。后来，经朋友介绍，她去了一家世界五百强企业，并很快被提升为总经理秘书。然而不久，吴岩又萌生了去意。

朋友很不解，问她是不是又受到了上司的骚扰。吴岩赶紧摇头，说："梁总是个素质很高的人，他很尊重我，从来没有过这方面的问题。"

"那你究竟是为什么？"

吴岩沉默了一会，终于道出了原因：原来她早就对秘书工作产生了厌倦心理，身为秘书，无论做到多么高层，其实说白了也就是一个高级保姆，整天整理资料、接听电话、安排行程，做的工作实在没有挑战性，丝毫不能让她有任何成就感，而且还荒废了自己在大学所学的专业知识。吴岩本身是一个活泼外向的女孩，但是秘书工作需要她严谨内敛，所以她做得很痛苦，但是却不知道自己该如何是好。

朋友听了她的话，松了一口气说："其实你根本没必要离开。这么好的公司很难再找到，而且梁总也十分欣赏你。为什么不试着在公司内部换一个部门，从事另一项工作呢？"

"你的意思是让我转行？"吴岩吃惊地问，"我能行吗？自从毕业后我就没做过其它工作啊！"

"没有尝试，怎么就说自己不行呢？"朋友笑着回答。于是吴岩暗下决心，给自己一个机会。

几个月后，朋友接到了吴岩的电话，她很开心地告诉朋友，自己已被调往市场部，目前主要负责采购工作。她一边工作，一边抓紧时间学习，争取今后向国际采购方向发展，让自己成为国际化的人才。

类似吴岩的苦恼相信很多人都曾经遇到过，有的人选择了沉默，有的人选择了转行。虽然并不是每一个选择转行的人都能像吴岩一样找到人生的意义，实现自己的梦想，但是将自己禁锢在一个已经完全失去兴趣的行业中是没有任何意义的。

俗话说："三百六十行，行行出状元。"只要选对了行业，加上不懈的努力，就一定能够做出一番成就。但是选对行业有时并不是一件简单的事，甚至可能会走不少的弯路。不要贪图眼前的安逸，假如你觉得目前的行业并不是你想从事的，或者并不能为你的前途带来光明的话，不如勇敢地转行。不要害怕失败，人生若没有尝试，就永远无法看到远处的风景。2004年，诺贝尔生理学和医学奖得主查德·艾科瑟尔原本在大学时所学的专业是语言。但是当他发现自己的兴趣与特长是生物学时，他便毫不犹豫地选择了约翰斯·霍普金斯大学的医学院，继续自己的研究生学习，最终获得了人类生物学和医学的最高成就。

人生不止一种选择，人生也不止一种精彩。假如你对现状不满意，禁锢了你的发展，那么就不要犹豫，找准适合你的行业，加强自我塑造，提升职业能力后，果断行动、主动出击，你的人生必将呈现另一种精彩！

# 参考文献

[1]李小墨. 请停止无效社交[M]. 长沙：湖南文艺出版社，2017.

[2]路勇. 请停止无效社交 [M]. 天津：天津人民出版社，2017.

[3]木瓜制造， 原田玲仁. 每天懂一点人际关系心理学[M]. 长沙：湖南文艺出版社，2012.

[4]醉流枫. 超级沟通心理学术[M]. 北京：台海出版社，2016.